ENRICH YOUR LIFE

U0311105

DIGITALIS: HOW TO REINVENT THE WORLD

数字帝国

人工智能时代的九大未来图景

〔比利时〕蒂埃里·格尔茨 著　　叶龙 译
THIERRY GEERTS

文匯出版社

图书在版编目 (CIP)数据

数字帝国：人工智能时代的九大未来图景 /（比）蒂埃里·格尔茨（Thierry Geerts）著；叶龙译. --上海 : 文汇出版社，2020.12

ISBN 978-7-5496-3371-5

Ⅰ.①数… Ⅱ.①蒂… ②叶… Ⅲ.①数字技术—普及读物 Ⅳ.①TP3-49

中国版本图书馆 CIP 数据核字（2020）第 217009 号

数字帝国：人工智能时代的九大未来图景

作　　者 / （比）蒂埃里·格尔茨

译　　者 / 叶　龙

责任编辑 / 戴　铮

封面设计 / 王重屹

版式设计 / 汤惟惟

出版发行 / **文匯**出版社

　　　　　上海市威海路755号

　　　　　（邮政编码：200041）

印刷装订 / 上海颛辉印刷厂有限公司

版　　次 / 2020年12月第1版

印　　次 / 2020年12月第1次印刷

开　　本 / 889毫米×1260毫米　1/32

字　　数 / 144千字

印　　张 / 7.25

书　　号 / ISBN 978-7-5496-3371-5

定　　价 / 58.00 元

目　录

欧洲——数字帝国的首都?
有了欧洲核子研究组织（CERN），
在科学研究方面，欧洲已经处于领先地位。

前　言

欢迎来到数字帝国

2016 年 9 月，根据媒体报道，有数不胜数的工作正受到数字化发展的威胁。一则爆炸性的新闻震撼了整个比利时：卡特彼勒 *（Catepillar）宣布要关闭当地的工厂，这将导致 2200 名工人下岗。我们发现，关于公司业务重组和裁员的一系列负面新闻遍及整个欧洲，报纸头版连续几日充斥着关于裁员计划的消息。人们所反复谈论的其实是"数字化的发展对就业市场的威胁"的问题。然而，相对于过去来说，在大部分欧洲国家，现在有更多的人能够找到工作，这是因为新创造出来的工作岗位数大于消失的工作岗位数。就业市场的情况比我们根据诸多裁员计划所做出的揣测要好得多。但是，好消息却淹没在越来越多的坏消息中，这导致了 5 亿欧洲人对他们未来的担忧，并将此归咎于数字化的发展。

就我个人而言，在过去 20 年身处数字化世界中，我感到相当自在。在最近 6 年中，我一直在组织领导谷歌（Google）在比利时和卢森堡的业务。谷歌是数字行业里最具备创新精神的

---

* 译者注：卡特彼勒（一般简称CAT），世界上最大的建筑、采矿设备、柴油、天然气引擎和工业汽轮机生产商。

公司之一。在加入谷歌之前，我在比利时的传媒集团 Corelio
（现在叫 Mediahuis）工作了 15 年，他们发行的报纸包括《标准
报》（De Standaard）和《新闻报》（Het Nieuwsblad）。与数
字化有关的项目现在已经快速地变成了我工作任务的核心。过
往不同的工作经历使我有幸见证数字化进程在我们身边引起的
剧变。本书的主题并不是关于谷歌的，而是希望表达我根据个
人经历所产生的一些观点和内心真实的想法。我坚信数字化发
展会给整个欧洲以及欧洲人民带来机遇，现在把握住这些机遇
非常重要。

欢迎来到数字帝国——这
个将 40 亿人通过互联网
联结起来的地方。

不幸的是，随着数字化的快速发
展，我感到人们被焦虑所困扰，进而导
致民粹主义、民族主义和贸易保护主义
的重现。这可能是因为我们对所生存的社会以及这个社会在短
时间内产生如此深远变化的方式缺乏理解。虽然这变化与数字
化发展的速度有关，但是我们不应该害怕它。不可否认的是，
这些变化带来的风险确实存在。数字革命让人的不朽成为可能，
而如果我们没有以正确的方式去对待和处理，它也可能会演变
成灾难性的结果。但这也是每一次伟大技术革命的共同特征。

核技术的发展使医药行业发生了变革，但是核技术也创造
了原子弹。如果我们要完全把握住数字化科技发展给我们带来
的机遇，就有必要让尽可能多的人正确地理解这个世界上正在
发生什么。这也是我写这本书的原因。我想邀请读者和我一起

走入数字帝国——这个将 40 亿人通过互联网联结起来的地方。数字帝国就像任何其他国家一样，会面临一系列社会问题，如医疗健康、人口流动、教育、经济和其他问题。而现在的问题是，我们希望这个数字帝国是一个精彩的国度，还是一个充满迷惑、悲观和停滞的世界？这完全取决于我们自己。我自己肯定会选择前者。在这本书中我会带领大家——包括民众、企业家和决策者——一起看看这个精彩的数字帝国，让他们知道任何事情都有可能在这里发生。有什么能够阻止欧洲成为数字帝国的中心呢？欧洲向来都是工业革命的先锋者，当一切事情都在有序地进行时，无论如何都不

"我对技术保持乐观的态度，这不仅是基于我对技术的信任，更是基于我对人类和人性的信任。"

能阻止欧洲再次引领全世界的革命。本书要展示给读者一个乐观、可行的方法。这并不幼稚可笑，反而是一个行之有效的方法：科技进步给我们提供了解决社会根本问题的宝贵机会。没有奇迹般的解决方案，一切完全取决于我们自己，无论男女都要做正确的选择。我称之为"可能性主义"，即理解什么事情能够帮助我们增加实现它的可能性。我们不应被恐惧所左右，而应该要更加坚信我们能够共建一个更好的世界。谷歌的 CEO 桑达尔·皮查伊（Sundar Pichai）说得好："我对技术保持乐观的态度，这不仅是基于我对技术的信任，更是基于我对人类和人性的信任。"

第一部分
我们生活的世界

第一章　知识富足的时代

　　每一个时代的划分都是以技术改革为标志的。当前这个时期显现出了一些不同寻常而又迫在眉睫的问题。随着这次数字革命的发生，我们正处在一个全新工业革命进程的中期。我们充满担忧，因为每一项新科技都面临着阻碍。这如同第一辆火车不会以超过 100 公里每小时的速度行驶，人们认为超过了这个标志性的限制就会致命。一开始，必须有一个人走到车头的位置挥舞红旗加以提示。今天我们被各种诸如此类的新发明狂轰滥炸。为了解释这种发展的速度，法国哲学家米歇尔·塞尔（Michel Serre）以法兰西学术院（Académie Française）的字典为例进行说明：在过去，每一版新字典会有平均 3000 到 4000个单词被增加或删除（每 20～25 年更新一次）。而在最新的一版字典中，更新的数量已经增加到了 37000 个单词。其他语种的字典，如瑞典语版本，也是以这样的速度更新。[1] 在历史上，语言从未有过如此快速的更新迭代，语言的进步也反映了我们的社会的进步。正因为我们要受如此多新发明的影响，所以理解正在发生的事情，并且知道如何应对它们很重要。这是确保数字帝国是一个让我们能够生活得很好的和平国家的唯一方式。

未来比我们想象中更好

如果要我推荐一本改变了我人生的书，我会推荐《富足：改变人类未来的 4 大力量》（*Abundance*：*The Future Is Better Than You Think*）。《经济学人》（*The Economist*）杂志也把这本全球畅销书评为"一个逃离世界末日的天赐之物"。2012 年，我在飞往美国的航班上读了这本书。它的作者是美国的新闻记者史蒂芬·科特勒（Steven Kotler）和企业家彼得·戴曼迪斯（Peter Diamandis）。他们预测，不久的将来会以富足为主要特征。这足以激起我的兴趣，因为我是在一个因资源短缺而受恐惧所支配的世界里长大的。我清楚地记得，在 20 世纪 70 年代的石油危机那会儿，民众和政府领导人都被燃油短缺和高油价导致的后果所困扰。在学校，老师告诉我们罗马俱乐部＊的可怕结论，尤其是原油供应短缺的情况下。进一步而言，整个工业时代的经济都受原材料影响：由于资源使用的限制，它们的价格一路上涨，因此我们要彻底慎重地思考如何利用这些资源。资源的短缺也导致了社会财富分配不均。原油生产国变得富有，以至于其他国家变得更加依赖它们。

当我在读《富足》这本书时，许多零零碎碎的疑问开始困扰着我。我发自内心地知道科技的发展会让世界变得更好，但

＊ 译者注：罗马俱乐部是一个研讨国际政治问题的全球智囊组织。

我还不确定到底能变化到什么程度。

在《富足》这本书里提到："这是有史以来第一次，我们的能力已经开始追赶上我们的野心。人类已经来到了彻底改革的全新时代，科技的进步将有可能显著地提高这个星球上每一个人的基本生活水平，无论是男人、女人还是小孩。再过一代，我们就能够将曾经只有少数有钱人才能获得的物质和服务，提供给每一个需要的人或想要的人。"

人类已经来到了彻底改革的全新时代，科技的进步将有可能显著地提高这个星球上每一个人的基本生活水平，无论是男人、女人还是小孩。

史蒂芬·科特勒和彼得·戴曼迪斯并没有把这个世界粉饰成一个纸醉金迷的地方，而是将它描述成一个能够解决世界上所有主要问题、具有无限可能性的地方。以能源为例，全球面临的任务是消除以原油为主要能源的现状，因为原油资源总有一天会耗尽，而原油在全球的分布不均衡，并且还会有污染。目前最大的挑战在于运用像太阳能这样的能源来替代原油。怀疑者声称太阳能不足以使世界和工业运转。但是事情已经在改变了。太阳在一天之内能够提供的能量，比我们一年所需的能源还要多。到目前为止，太阳能还算是取之不尽，而且分配更均衡，也没有污染。太阳能不足根本就不是一个问题，问题是如何获取太阳能并且储存全部这些获取的太阳能。只要我们克服了这个难题，我们就能源源不断地获取太阳能，太阳能不足的问题就会成为过去式。如果在 10 年前，这似乎是不可思议的，但是随着科技的突飞猛进，我们的这个梦想马上就能实现了。此外，从2007年起，谷歌的全球业务行为都做到了碳中和*。从2017年起，谷歌已经全部采用百分百可再生能源。鉴于数据中心的电能消耗量巨大，这是一个重大的里程碑。所有的一切都表明，能源问题不是一个不能解决的问题。当然，太阳能不是解决所有问题的答案。由于科技的突破，风能、水能、地热能都可以帮助我们解决问题。所有这些一切都不可能自动发生，需要投入大量的资金去开发和建设。但是，当所有的都说到并做到，我们将生活在一个能量充足的世界。

解决能源短缺问题是解决其他全球性问题的第一步，如净水资源的短缺。事实上地球并不缺水，因为地球表面70%是被水覆盖的，但其中97%的水是咸水，不适合我们使用。从技术上来说，淡化海水是可以实现的，但是这个过程却要消耗大量能量。这在经济上显得不现实，但是在不久的将来，随着大量的能源可以获取，这个方法似乎可以被用来解决纯净水短缺的问题。充足的水资源和能源供给能够生产足够的粮食满足全世界人口的需求，就可以解决饥饿问题。但意外的是，这个方法竟也能让我们解决人口过多问题。牛津大学的经济学家马克斯·罗泽（Max Roser）指出："通过对过去200年各个国家人

---

    * 译者注：碳中和是指企业、团体或个人测算在一定时间内直接或间接产生的温室气体排放总量，通过植树造林、节能减排等形式，使得增加的温室气体与减少的相等。

口的研究，我们发现，当女性意识到她们生的孩子的死亡率大幅下降时，她们反而更不愿意生小孩，而是选择领养小孩了。人口的增长将会随之终结。"从高死亡率和高出生率转向低死亡率和低出生率是人口结构变化的现状。这也是为什么在过去 50 年每个家庭的孩子出生率出现大幅下降的原因：在 20 世纪 60 年代，平均每个家庭有 5 个孩子。而现在，平均每个家庭只有 2.5 个孩子。这样下去，总有一天人口数量会下降或至少保持稳定。

知识经济

《富足》这本书描述了科学技术的改变是如何在现实中运作的，但是没有从经济的角度解释发生了哪些改变。虽然人们觉得由于科技的进步，自己的生活比 10 年前便捷了很多，但是经济的增长却是有限的，很多企业似乎受到了数字化发展的负面影响，而无法获得利润。Blue2purple 公司的 CEO 安妮克·范德斯米森（Annick Vandersmissen）给我发来了一段视频，这段视频是由法国的伊德里斯·阿贝尔坎（Idriss Aberkane）拍摄并发布在 YouTube 上的，内容是关于理解数字化发展对经济模式的重要性。伊德里斯·阿贝尔坎是一个博学专家，能够分析社会上的重大发明突破。2015 年他发表了题为"知识经济"（"Economy of Knowledge"）的论文，书中解释了我们是如何向知识经济时代发展的。

"想象一下有这样一个经济社会，它的主要生产资源是无限量的。这个经济社会具有公正的本质，能够自己很好地运行并且能分享结果，不工作的人比工作的人有更高的购买力，这样这个社会就组成了 1 加 1 等于 3 的公式。每个人天生就具有购买力，而且还能完全控制自己的购买力。"5 伊德里斯·阿贝尔坎所说的这种资源就是知识。原油是原先的工业发展所需的主要能源，而知识就是今天社会转变的基础。我们所需要的不再是原油，而是知识，有了知识，我们才能设想出一个全新的共享平台，在这个平台我们可以开网店或者发展人工智能。在经济社会将发生一个彻底的改变，因为不像传统的原材料，我们的知识是用不完的，它是永远不会耗尽的资源。伊德里斯·阿贝尔坎提到："火就是知识经济社会里的一个完美的例子，我可以分享手中的火，只要不把它熄灭，我就可以不停地把它分成更多的火，永远不会耗尽。虽然知识经济会永久地存在下去，但由于科学技术的发展，目前的知识经济在加速发展。现在我们正处在历史的转折点，就像文艺复兴时期。"6 我们正在把工业革命和文化革命结合在一起。

这是互联网直接导致的结果——40 亿人已经通过互联网联结起来。所有人都能在地球的任何一个角落互相沟通交流，并且以一个史无前例的规模互相分享知识，因为知识正以指数式速度在发展。这也是有史以来第一次，这个社会让我们有可能

不像传统的原材料，我们的知识是用不完的，它是永远不会耗尽的资源。

通过分享知识来发家致富。因此我在这里和读者分享我的知识，读者就能拥有和我一样的知识。分享知识能够让我们共建一个美好的未来，让我们每个人都能一起进步。对比知识分享和以前的工业发展时代的交易，原油出售者通过卖石油换取财富，原油购买者把钱给出售者换取原油。工业经济社会是以上述交易为基础，让不平等分配的资源进行流转。从外部来说，它消除了经济的增长可能性，并没有促进任何的增长，因为经济仅依赖现有的资源。伊德里斯·阿贝尔坎指出："有限的资源不可能带来无限的经济增长，但是对于知识来说无限增长不仅是可能的，而且很容易无限增长。"

知识作为一种基本的资源，不仅能带来无限的增长，而且还提供了一个更加平等的方式。我们生活的这个时代，每个人都出生在相差不多的起跑线上：每个人都有一套完整的神经元细胞，得益于互联网，每个人都能接触到一样的信息。因此，我们对钱的依赖程度在减小，但是时间就显得更加宝贵。举一个简单的金融交易的例子，能从交易中获得的只有钱，一家银行只需要不到1秒的时间就能转移资产，但是传输知识却要很多时间。这就是为什么伊德里斯·阿贝尔坎认为失业（暂时）并没有那么糟糕：因为你有更多的时间来补充自己的知识，增加自己的价值。

为什么好消息没出现在新闻头版？

科技的进步和知识经济给我们带来了更多的可能性。科技帮我们解决了很多全球性的问题，虽然我们目前还处在对金钱迷恋的阶段，但是必须找到另一种财富的形式：个人之间的知识交换。尽管如此，我们似乎都觉得自己正处在最差的时代。事实证明：这两项发展给经济和整个社会带来了重大变化。世界正在以飞快的速度再次发生变革，而我们却还没有准备好。数字革命时代，也就是我们正在经历的新的工业革命时代，是一个动荡的时代，因为从奥地利经济学家约瑟夫·熊彼特（Joseph Schumpeter）给出的定义看，每一次的工业革命都与创造性的破坏有关。创造性的破坏是一个新科技消灭过时技术和新公司替代老企业的过程。经济学家彼得·德凯泽（Peter de Keyzer）表示："如果过时的公司不消失，我们的经济发展就会停滞，我们将继续在矿山工作。"[7]一方面，创造性的破坏可以让幸福感继续攀升；但是另一方面，这样会使社会产生更大的动乱，导致恐惧和不确定性。

　　多个物理现象表明，我们还不具备解决这种焦虑的能力。这主要是因为我们最原始的大脑生来就能够快速辨别危险。恐惧是由强烈的生存本能带来的。如果捕猎者没有在狩猎区域发现可能的危险，就很快会变成别人的猎物。从本质上讲，人类对危险的重视程度比对新机会的重视程度更高。此外，科技发展得如此之快，以至于我们被一个接一个令人焦虑不安的因素压得喘不过气来。史蒂芬·科特

> 我们目前还处在对金钱迷恋的阶段，但是必须要找到另一种财富的形式：个人之间的知识交换。

勒和彼得·戴曼迪斯在《富足》这本书中声称："我们正在用一个为局部图景创造的系统来描述整个世界。因为这个世界是我们以前从来没有见识过的，所以当我们面对指数式变化时，心里实在没什么底。……科技的力量正以前所未有的速度迸发出来，并实现了'超级大融合'，而且我们的大脑无法轻而易举地预测到如此快速的转变。……这也使我们面临着一个根本性的心理问题。富足是一个全局性的愿景，它建立在技术以指数式速度增长变化的基础之上，但是我们局部性和线性的大脑很可能看不到这种变化所带来的无限的可能性和巨大的机会，也不知道变化发生的速度。"[8]

某些人认为人类不具有应对处理快速变化的能力，而且科学技术的发展超越了人类适应的能力，这导致了各种类型的疾病，如精神崩溃。但是人类已经有过相似的经历：在20世纪前半叶，我们的祖父辈也经历了这种变化，例如汽车、飞机、电话的发明和两次世界大战，这些都比我们现在要处理的问题更加激进。

哈佛大学的史蒂芬·平克（Steven Pinker）教授提出了3个心理学上的成见，让我们相信世界其实比我们感受到的要更加黑暗。首先，消极的事件产生的影响要比积极的事件产生的影响要更长久。比如，人们对失去钱的记忆可能要比赚到钱的记忆更深刻持久。其次，我们认为批评者（通常是表达负面消息的人）会更引人关注。当他们在提出问题的时候，通常会先发出关心别人的信号，接着我们就自然而然地被消极主义者吸引住了。第三种成见是基于对逝去的时光的怀念，认为任何事物在以前都比现在更简单和更好。无论曾经什么时候，不管我们的幸福程度如何，我们总认为以前比现在要好。[9]

以色列心理学家、诺贝尔奖获得者丹尼尔·卡尼曼（Daniel Kahneman）指出，人们估算事件发生的可能性时，不是基于事实，而是基于查找示例的难易程度。越是重大的事件，我们越会高估事件发生的概率。新闻报道的低犯罪率不会引起我们的注意，但是某个关于一个杀人犯杀害了全家人的故事就会引起我们的注意，我们会联想到这样的事情也可能会发生在我们自己身上。同样，大面积报道关于失业的信息会萦绕在我们的大脑里，仿佛失业这件事迟早会轮到我们。即使报纸等新闻媒体报道越来越多的工作机会正在被创造出来，我们还是会停留在失业的阴影里。我们更容易记住被报道的重大事件，因为这些事件被报道的次数更多。举一个典型的例子：相比乘坐汽车，人们更害怕乘坐飞机。虽然由于汽车事故导致死亡的人数要比飞机失事死亡的人数要多得多，但是一次空难就足够轰动，甚至能够吸引全世界的关注。但事实上，每天在汽车事故中死去的人数比一年之中因飞机失事导致死亡的人数还要多，而这个事实却很难引起媒体的兴趣。

以上所有因素汇集在一起，影响了我们解读信息和媒体影响我们的方式。人们主要的关注点是负面事件，这加深了我们生活在一个糟糕且越来越糟糕的世界这样的印象。牛津大学的经济学家马克斯·罗泽写道:"我认为我们不应该把全部原因都归咎于媒体,但是我认为媒体确实应该承担一部分责任。这是因为,媒体不会告诉我们世界是如何变化的,媒体只是报道了世界上发生的负面事件。为什么媒体只关注不好的事件,其中一个原因是媒体只关注事件本身,这些事件通常都是不好的新闻:如飞机坠毁、恐怖袭击、自然灾害、总统选举结果,而这些事件的结果都是我们不喜欢的。另一方面,正面的事件通常都发生得很慢,而且也不太可能会上追逐大事件的媒体头版。"[10]

一项新的全球性运动主张支持具有积极性的新闻工作,目的是赋予媒体一个全新的角色。乌尔里克·哈格尔鲁普(Ulrik Haagerup)是这项运动的主要发起人之一。这位丹麦公共电视台的前导演在他的《建设性新闻》(*Constructive News*)一书中公开反对新闻业的炒作。"是时候摆脱八卦小报给整个媒体行业戴上的枷锁了,就连所谓严肃的媒体都深受其害。低级趣味的媒体都关注一些浪费时间而无意义的娱乐新闻、假想剧、简单的情景冲突、连续的权力竞争,并且多年来都宣称自己是抵御邪恶体系的真正捍卫者,这些都是在媒体业获取成功的因素。……这也变成了电视上报道新闻的标准:内容短平快、具有戏剧性、无差异性,以至于这些情景冲突线索都特别简单。"[11]

情况从未如此好过

当我们活在新科技和它给社会造成影响的恐惧下，我们就会忘记我们曾经取得过的突破。如果没有连续不断的科技发明，这些突破是不可能取得的。即使民粹主义政党传达了不同的信息，情况也没有变得更好。这是瑞典经济学家和历史学家约翰·诺伯格（Johan Norberg）在全球畅销书《突破：展望未来的十大理由》（*Progress：Ten Reasons to Look Forward to the Future*）中提出过的假设。基于世界银行、世界卫生组织和联合国发布的大量数据，作者证实了世界已经前所未有地成为了一个更加安全，更加健康和适合居住的地方。在欧洲，饥荒从19世纪起就不再是问题了。不久之前，全世界将近一半的人口存在慢性的营养不良问题，但现在只有10％了。医疗条件、饮用水质量的提高、医学的进步，这些突破都为提高人类平均寿命做出了历史性的铺垫。在1800年，人类的平均寿命是40岁，然而在今天，这哪怕在最贫穷地区都是最低寿命。彼得·亚当森（Peter Adamson）作为联合国儿童基金会的顾问，解释了人口爆炸的原因："这不是因为我们突然开始像兔子一样繁殖，而是因为我们像蝇虫一样不容易死去。"在过去的25年，人们的生活条件已经得到了提升，每天有138000人从极度贫困中脱离出来。扫盲项目、教育水平的提高及民主的传播促进了更多的宽容。大约100年前，女性在任何地方都是没有权利投票的。今天，争取妇女权利的斗争已经提上了每一个议程。今天的世界已经变成了一个暴乱更少的地方。相比以前，战争发生的次数更少，破坏性也更低。虽然当你看报纸或听收音机时，这个结论似乎不那么明显，但是数据统计支持了这样的结论。

除此以外，我们目前的大部分经济进步都不可精确估量。比如，大部分人都有智能手机，价格相对来说也不贵，尤其是考虑到智能手机拥有的所有功能，我们没必要单独购买 GSM手机、全球定位系统、相机、个人电子文件夹、计算器、MP3播放器、百科全书和游戏机。

智能手机让我们没必要单独购买 GSM 手机、全球定位系统、相机、个人电子文件夹、计算器、MP3播放器、百科全书和游戏机。

由于个智能手机替代了所有的这些设备，因此智能手机帮助我们节省了不少钱。但是，我们不能从经济的角度考虑到底省了多少钱。网络百科、维基百科同样也是这个道理。史无前例地，每个人都能免费享用一本完整的百科全书，而不用花费高昂的价格去购买纸质书。

所以，这些年的数字化发展已经使我们变得比以前更加富有，但是我们并不能精确地衡量这些发展到底给我们带来了多少实惠。我们可以通过以下事实来解释这一点：福利是由国内生产总值（GDP）来衡量的，换句话说，就是我们生产的所有产品和服务的整体价值。GDP 计算公式的发明者，美国经济学家西蒙·库兹涅茨（Simon Kuznets）于 1934 年指出："一个国家的福利很难从国家的收入上推测。"自从数字化发展以来，这个问题就变得更加严重。在过去的这些年，大部分产品和服务的质量已呈指数式上升，但是 GDP 没能把这个因素考虑在内。另外，由于数字经济提供了很多免费的福利，随之产生的产品和服务都没被考虑到 GDP 的计算中。换句话说，即使数字化科技几乎不能在经济统计中体现，它们也能给我们的生活产生明显的积极影响。

收入不平等

不幸的是，这些令人鼓舞的方面在很大程度上由于强调收入不平等而被忽视。这可以从人们对大型科技公司及其如今拥有亿万财富的创始人的成功的看法中得到部分解释。有些人可能会说，数字化经济也服从"胜者为王"的原则。当最流行的平台变成领先平台时，它就会阻止其他潜在的赢家进入这个平台。因此，少数公司产生了巨额的利润，通过这样的方式，它们建立了一个由富人组成的小而封闭的圈子。通常，这个原则反映了整个社会的规则。请不要误解我的意思：我没有否认收入不平等的存在。法国经济学家托马·皮凯蒂（Thomas Piketty）于 2013 年出版的《21 世纪资本论》（*Capital in the Twenty-First Century*）一上市就迅速成为畅销书，作者也成了反收入不平等运动中的领军人物。他在这本书中声称，如果这些不平等的差距在过去这些年中已经变得更大的话，那么这是因为资本收益（包括资本收入、利息和租金等）增长的速度比经济增长的速度更快。总之，如果资本家变得越富有，那么中产工薪阶层的实际收益就越少。

一年前，经济学家布兰科·米拉诺维奇（Branko Milanovic）也在世界银行发布的一份报告中分析了收入不平等现象。报告中的"大象曲线"图（如下），反映了 1988 年至 2008 年的全球收入变化。

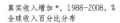
真实收入增加 *，1988-2008，%
全球收入百分比分布

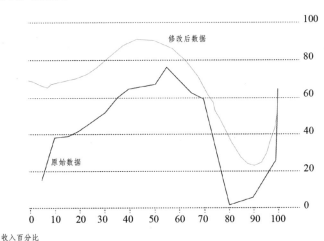

收入百分比
* 购买力平价，来源：Christoph Lakner & Branko Milanovic，世界银行

大象曲线

横轴代表收入的百分比，从最穷到最富；纵轴代表收入的变化。我们想象一下，可以将下面这张图上的线条看作是一头

大象的轮廓：从左至右，曲线向上升起（全球范围内的低收入者快速增长）；然后，曲线骤降（在西方国家，中产阶级的财富几乎没有变化）；紧接着，曲线又开始骤升（和穷人一样，最富有的人的财富也在 1988 年至 2008 年之间明显增加）。这张大象形状的曲线图反映了全世界范围内发生的变化。但是，对不同区域、不同收入的人作比较并不容易，因此布兰科·米拉诺维奇稍微改变了一下原始图。但是，新的图像不像原始图那样引人注目。虽然我们仍然能画出大象的外形，但是收入不平等的差异变得没那么明显，中产阶级的收入也增长了（更明白地说，中产阶级收益增长率仍然低于穷人和富人）。[12] 所以，我们的收入都在增长，但是最贫穷的人能经历比中产阶级更大的变化。最贫穷的人代表了一大群人，他们是最需要增加收入的。一小部分已经很富有的人变得更富有，这本身不是问题，但是继续改善收入分配很重要。

　　当我们谈到收入不平等时，比利时是一个国际典型案例。这源于天主教鲁汶大学（KU Leuven）的经济学家安德烈·德科斯泰（Andre Decoster）在 2017 年底所做的研究。贫富差距在比利时缩小的比例比其他国家都要快。在 1990 年，比利时全部收入中的 9.2％流入了 1％最富有的人的口袋，但是在 2013 年，这个比例缩小到了 8.3％。[13] 这个变化主要是由于比利时税务系统采用了重新规划的计算方法。我不希望我生活在这样一个国家——一些没有机会赚钱的人不得不在街上流浪，另一些人却生活奢侈。这些状况在世界上确实存在。这种不平等在美国已经日益明显，已经倒退到了第一次世界大战时的水平。这种结果是中产阶级最担心的。他们在计算机行业和传统工业方面已经失去了很多工作机会，已经濒临绝境。等到他们没有什么可失去的时候，那些带有民粹主义气息的人就会变成极端人士。

我不想否认收入不平等的存在，但是我想通过一个正确的方式来表达。首先，数字化和互联网行业能够使人一夜暴富，并创造出很多亿万富翁，这样的说法并不正确。当然，这种现象确实存在。亚马逊（Amazon）的创始人杰夫·贝索斯（Jeff Bezos）在2018年被福布斯评为"世界首富"。[14] 但是在全球亿万富豪榜上的前100名中，大约只有15个人是来自计算机和互联网行业的。此外，我不会真正在意世界上这些特别有钱的人，尤其当他们的财富是通过创新或者企业家精神获得的，而非来自石油帝国。最重要的是，我们要确保每个人都有机会通过努力向上爬。强调收入不平等的后果是，我们被富人的收入所困扰，然而，这并不是关于世界平等的全部内容。平等同样与整个社会的福利相关，使人们能享有平等的教育、幸福和安全。我们的愿景应该是给更多的人提供平等的机会，而不只是收入的平等。在全球化进程和数字化发展的世界里，使每个人都能拥有平等的机会去发展，这恰恰是本质所在。

第二章　未来的历史

机器人掌握了工人的工作，智能计算机替代了人工。换句话说，每个人都有可能失业。这是我们对数字革命的最差设想，这也让很多人充满恐惧。但是，前几次的工业化进程已经对整个经济和社会产生了深远的影响。以前的工业革命对社会产生的影响并不亚于现在的数字革命。

《摩登时代》——查理·卓别林

第一次工业革命于1750年左右从英国发起，它给我们带来了高压蒸汽机。电动机的动力减少了对人力、马力、水力和风力的动力需求。矿工能够进入到比以前更深的矿井工作。蒸汽动力的纺织机创造了一个能够以更低成本提供更高产量的纺织行业。然后工业革命扩展到了各行各业。铁路轨道将大城市连接在一起，火车成了引起极大恐惧的技术杰作。社会产生了深远的变化：一类新的工人产生了，不幸的是，福利的提升是以工人阶级的巨大牺牲为代价的。

第二次工业革命发生在 19 世纪后半叶，一直延续到第一次世界大战。电力作为一种全新的能源，能够使工厂采用多生产线同时作业，由此带来了大规模生产。电报、电话的发明，带来了全新的通讯方式。内燃机被发明之后，在路上奔跑的汽车诞生了。钢铁作为一种非常重要的原材料，将水和燃气输送至每个城市。这些发明大大改善了人们的生活质量。经济学家科恩·德列乌斯（Koen De Leus）在《赢家经济》（*Winners Economy*）一书中写道："第二次工业革命发明如此重要，而人们花了长达一百年的时间才充分体会到它们的影响。它们的影响甚至延续到 20 世纪 70 年代，出现了诸如彩电、空调和大规模公路交通网建设等创新。"[15]

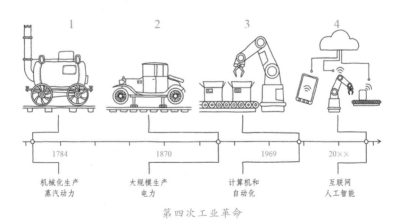

第四次工业革命

机器代替的是任务，而不是工作

回顾历史，我们能确定的只有前两次工业革命通过改进社会而对其产生了深远的影响。新技术的发明创造了一个全新的经济体，改善了现有的生活福利，尽管事实是这些革命同时也带来了巨大的不确定性。一个很棘手的问题是，很难想象科技创新到底会变成什么形式，以及将会有什么类型的新工作被创造出来。许多职业已经消失，如马夫。但是我们需要火车司机、卡车司机，以及飞机驾驶员。在工业革命的初始阶段，没人能想象到火车、卡车和飞机会被发明出来。因此，没有人能够预测将来有一天竟然会需要有人去驾驶这些交通工具。如果不是航空旅行的存在，谁能想象到"乘务员"竟然也是一种职业？这和现在数字革命带来的焦虑是一个道理。

然而，很多人预测我们正在朝着一个势不可挡的方向前进，大量的工人会下岗，社会会退化。"即使科技不会造成大范围的失业人群，也会带来一些主要问题，如不平等加剧和工资增长的停滞。而且，机器人的发明这波冲击对我们造成的威胁，会比我们以前经历过的任何时候都要更严重。"[16]这是瑞安·埃文特（Ryan Avent）为我们描绘的未来，他是著名周刊《经济学人》的记者，同时也是一本关于技术对就业的影响的书的作者。美国历史学家詹姆斯·利文斯顿（James Livingston）甚至想得更远："自 2000 年以来，美国没有创造出净就业机会。在某些欧洲国家，失业率已经上升到了历史最高水平。机器人的到来只会带来更坏的结果。"[17]

　　媒体报导中都充斥着诸如此类的灾难性场景，那么有这么多人担忧数字革命并且害怕他们失去工作也就不足为奇了。但是事实真的如此可怕吗？一份麦肯锡（Mckincey）[18]的研究报告勾画出了更多细节。比利时、丹麦、爱莎尼亚、芬兰、爱尔兰、卢森堡、荷兰、挪威和瑞典，这 9 个国家被看作是数字化的先锋国家，研究人员仔细分析了这 9 个欧洲国家的经济发展。他们发现，1999 年至 2010 年间，这些国家由于数字技术的发展，平均每年缩减了将近 12 万个工作岗位。如果继续这么发展，我们的未来确实没有那么明朗。但同时，数字技术也创造了 20 万个新的岗位，综合考虑两份数据，反而是每年额外创造了 8 万个岗位。这些新工作不仅仅在科技行业内。20 万个岗位中有将近 8 万个岗位是数字科技或计算机行业的。但是，另外

如果不是航空旅行的存在，谁能想象到"乘务员"竟然也是一种职业？

12 万个岗位都是其他行业的。新的科技极大地促进了生产力，让社会的经济更有竞争力，带来更多的出口，创造更多的就业机会和更好的福利。更多属于传统行业的就业机会被创造出来，从披萨外卖员到家具组装人员，但是更多的岗位属于新的行业，如数据分析员和数字产品经理。这就是为什么德国的电子科技

公司能在汽车行业采用自动化生产获得巨额利润的同时，还能够创造出新的工作机会。

太多的人被关于裁员的爆炸性新闻所困扰，但与此同时，有更多的新工作被创造出来，这件事却没有被报道。Itinera 智囊团的负责人马克·德沃斯（Marc De Vos）也说道："这么多年的科技发明告诉我们，每一次新的科技冲击都会消灭过时的工作，提升其他的行业并创造出新的工作机会。革命最终会带来更多新的工作机会。"

"由于机器人、计算机和互联网在这几十年间被发明出来，我们从来没有达到过 2017 年这样的繁荣程度。如果没有这么好的就业环境，也不会有这么多人能够有机会过上这么好的生活。未来会完全不一样吗？并非如此。负面的预测会造成资源错误分配，人们从事不合适的任务和工作。我们不会因为计算机能够为律师或记者完成某些任务，就不需要律师和记者了。我们也不会因为算法可以管理证券交易，就不需要财务顾问了。我们也不会因为软件程序能够进行医学分析，就不需要医生了。机器人和人工智能技术的突破不会让人类失去作用，它们反而是作为辅助来帮助人们工作的。在一些工作消失的时候，会有新的工作被创造出来。如果智能机器人进入每个家庭和每个工厂，那么一个开发、构想、建造、编程、销售、交付

在 2030 年，还不可能会有机器人来你家帮你修漏水的水管。

和维护这些机器人的巨大新领域将会出现。"[19]

1964 年 3 月
德国的自动化进程
机器人首次出现

1978 年 4 月
数字革命
科技进步如何消灭就业

2016 年 9 月
你被炒鱿鱼了！
计算机和机器人如何偷走了我们的
工作机会，又有哪些工作在未来仍
然存在
机器代替的是任务，而不是工作

ⓒ DER SPIEGEL Nr. 14/1964, 16/1978, 36/2016.

机器代替的是任务，不是工作

　　与大部分人想法相反的是，这么多新创造出来的工作不全是给受过高等教育并且会编程的人的。技师或者护士这些职业不会消失。在 2030 年，还不可能会有机器人来你家帮你修漏水的水管。从这个角度看，从事水管工工作可以确保你在将来还是会有工作的。但是，机遇在于水管工能够依靠人工智能以更加定性化的方式更快地响应需求。在 2030 年之前，传统职业还是会存在的，但是这些传统职业也会发生一些变化。农民将来会用无人机灌溉农田，装配工人将来会用智能眼镜来发送如何运转机器的指令，搬运工将来可以用人体辅助机器人来帮助搬运沉重的家具。并且对于那些因为科技而使工作变得多余的人来说，总是有可能接受再训练并成为网络侦探以解决网络犯罪，或者成为机器人教练来改善机器的人工智能，或者成为救援人员，使用网络摄像头从远处进行干预，并在等待医生到达现场前提供急救。因此，就算缺少工作机会又如何呢？

数字化中的民主

对大面积失业的恐惧只是强调数字革命带来的多方面影响中的一种。它已经深深地影响了我们生活和工作的方式，而且还没有迹象表明这种影响会停止。我们现在仅仅处于新的工业革命的初始阶段。为什么数字化浪潮会如此重要？为了回答这个问题，我们先回顾一下1950年代，当时第一批计算机刚刚进入公司。而到了今天，几乎没有一种工作是不涉及信息技术的。即使是水管工，他们也会用电脑或者笔记本电脑与客户沟通交流，处理订单和开发票。计算机已经替代了大量的工作任务，并且提高了工作产能和效率。但是它们还不至于剥夺我们的日常生活，这可以用来解释为什么经济学家和历史学家不把计算机的到来看作是第三次工业革命。但是在将来，这会被认为是此次革命开始的一部分。计算机已经是数字化发展的必要工具，就像19世纪后半叶炼油厂能够为新一轮的第二次工业革命提供必要的原料一样，真正的革命直到所有的计算机都连接起来和互联网面世才会出现。让我们回到1969年，当时美国国防部建立了一个 ARPANET 网络，它将从事军事项目的不同研究机构连接起来。那一年，该网络连接了四所大学，其中包括斯坦福大学。几年之后，越来越多的网络系统连接到了 ARPANET 网络上。1980 年底，该网络系统失去了军用功能之后就被废弃了，但是互联网的基础已经建立起来了。不过还有一个难题没被克服，就是像 ARPANET 这样的网络不会被公众接受，如果不懂互联网协议的话，网络就很难进一步发展。此外，当时图形界面还不存在，所有的信息交互只是基于文本文字。直到1989 年，英国人蒂姆·伯纳斯-李（Tim Berners-Lee）和比利时人罗伯特·卡里奥（Robert Cailliau）发明了万维网（World Wide Web），这一切就改变了。由于更加用户友好型的网页浏览器被设计出来，我们获取数据变得更加简单，而且超链接的发明使我们能简单地从一个网页跳到另一个网页去访问数据。我们今天认识的互联网就是这样诞生的。

万维网给我们生活带来的改变要比计算机大很多。在此之前，我们还没有机会能接触到如此大的信息量，而且每一个人都可以查阅这些信息。用着又厚重又昂贵的百科全书的时代，距离我们还并不遥远。而现在，维基百科已经完全替代了纸质的百科全书。维基百科使知识获取变得大众化：从这一刻起，每个人都可以免费查阅百科全书。此外，维基百科是实时更新的，而且比使用传统百科全书更简单，借助于讨论页面、合作和网络控制，其内容的质量也更高。今天，你只要有一部智能手机，就能在任何地方打开百科全书，但是在二十年前，买一部百科全书还要花几千欧元，而且还只能在图书馆或者家里翻阅。

同时，互联网也带来了根本性的转变：如果没有社交网络，例如脸书（Facebook），我们就不会有如此多的朋友。只要花时间和决心与失散已久的朋友联系，就能很轻松地找到老同学。当然，脸书上友谊的真诚性确实值得怀疑，但是这里更强调的是互联网带来的日常变化和已经建立的全球社交网络的重要性。互联网的发明也改变了我们看电视的方式。计算机为电视提供了字幕和隐藏字幕，但是我们不能说它从根本上改变了我们的观看体验。另一方面，数字化改变了我们生活的方方面面：现在我们可以随时选择我们想看的电视，而不仅仅是按照排好的时间表看。报纸也能完美地展现互联网带来的变化。随着计算机和信息技术的到来，通过设置图片和花哨的格式，我们可以提升展示的效果，虽然报道的内容没有变化。由于数字化的发展，整个新闻行业的基础也产生了动摇，因为新闻现在不仅仅通过纸媒或者电视媒体来呈现：互联网时时刻刻在为我们提供最新的消息。

所有这些使我们找到解释数字化发展的重要性的真正原因：它产生了去物质化。例如，我们已经不再需要去打印百科全书或者报纸了。这导致了去货币化：如果说打印或者分发报纸成本太高的话，那么数字信息传播的成本则更低。因此，民主化成为可能，因为每个人获得信息的成本不高。

智能手机发展

经过几十年的时间，大型计算机变成了个人计算机；又经过了十年，个人计算机成为了生活中不可分割的一部分。在过去，只要对新发明有一点兴趣就能轻松地跟上科技发展的步伐。但今天，情况就完全不一样了，移动互联网已经在很大程度上促进了数字化的发展。互联网最初就是从科技发展中衍生出的新发明，但它也有不便之处，就是你必须坐在桌子后面将你的个人电脑通过调制解调器（有时候很慢）连接到互联网。在那时，上网是一种自觉行为，我们会一天上一次网，或者一周一次，甚至一个月一次。今天已经完全不同了。智能手机永久地将我们连接到互联网，并且我们几乎意识不到自己已经处于在线状态。技术的挑战性恰恰在于：它是在后台工作的；技术操作不能妨碍用户的使用友好性，以及所有的操作都是自动完成的。智能手机用户平均每天会使用大约 150 次手机。[20]我们在家使用手机联网就像在家用电一样正常。今天，每一个使用智能手机的人获取的信息都比十年前的美国总统获取的信息还要多。智能手机对社会产生的影响是不可估量的，这样会给政府带来压力，人民也可以获得权力。使用互联网变成了所有人的一种基本权利。互联网给了我们带来了免费的信息、线上教育、医疗信息以及文化。

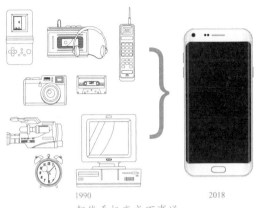

1990　　　　　　　　2018

智能手机变成万事通。

移动互联网的技术突破恰巧遇上 2007 年苹果（Apple）发布的第一款手机 iPhone，使得公众都可以接触到智能手机。这意味着苹果发明了智能手机吗？并不是。实际上黑莓（Blackberry）的智能手机在第一款 iPhone 手机发布之前就已经相当流行了，但是黑莓手机的使用者中大部分都是商务人士。苹果的技术并不是一种全新的革命性技术，但这家巨头公司成功地开发出一款在设计和用户友好性上明显更好的设备。所以，iPhone 把全世界人民连接到移动互联网并主宰了智能手机市场。与此同时，移动互联网现在已经随处可见，并且将所有设备都连接起来。

当互联网刚开始投入使用时，每个人都用在计算机里的旅行计划软件来设置他们的行程，同时还要在汽车中保留 GPS。我们用数码相机拍照，将照片传输到个人电脑或笔记本电脑上，然后在互联网上共享。那今天怎么样呢？智能手机已成为通向世界的窗口，并取代了所有其他设备。无论我们走到哪里，我们都把智能手机当作 GPS 使用，当作拍照的相机与世界其他地方即时共享照片，当作电子议程使用，当作屏幕在火车或飞机上观看电影或电视连续剧。当然，如果我们有空闲时间，我们还会用它来阅读新闻或更新我们的脸书状态。借助 Skype 和 WhatsApp 等应用程序，我们通过互联网在智能手机上拨打电话的频率甚至要更高。换句话说，我们手里都拿着一台比几十年前占据整个房间的超级计算机功能还要强大的计算机。

云服务上整体计算能力

所有这些新的应用程序都需要强大的运算能力和内存空间。不计其数的数据中心在互联网上运作。谷歌已经在全球范围内建立了 15 个数据中心，以提供服务。数据中心就像在一个安全性极高的建筑里面放了大量的计算机。这是数字革命的心脏。在第二次工业革命中，所有的发明都建立在电力的基础上。在这个知识信息时代，新的原材料是信息，然后在数据中心通过复杂的计算方法去运算。当你打开智能手机去搜索信息时，它已经连接到数据中心去运算了，然后数据中心把结果发到你的手机上。而且，这种强大的计算能力能够在不到 1 秒钟的时间里处理个人偏好。准确地来说，占用的时间不到 200 毫秒。

在过去，每一家公司都建立了自己的数据中心，或者至少有自己的服务器。考虑到新的应用程序需要更强大的计算能力，因而需要更大的数据中心，那么这就非常昂贵了。对于大多数公司来说，这意味着一笔很大的投资，事实上这还没有考虑它们并不总是能够获得内部专业知识。这也是为什么很多公司会把数据这部分外包给其他第三方机构，它们会通过互联网提供计算处理和数据存储。这就是我们说的云计算。在过去的几年里，这项突破已经在很大程度上提升了计算机的计算能力，以至于没什么技术限制能阻止我们的野心了。我们现在已经拥有几乎无限量的存储空间和计算能力。就算不知道这些，现在也已经有很多人完全采用云计算了。来看看我们是如何管理电子照片的吧。不久以前，我们还在用数码相机拍照，直到储存卡满了，然后就要把卡上的内容清除，或者可以把卡上的内容转移到个人电脑或笔记本电脑上。现在，我们只要带上智能手机就能拍照，然后简单地把所有的照片存储在应用软件里。那么这个软件把所有照片存在哪里呢？存在互联网的云端。因此，我们不再受智能手机存储量的限制，我们可以拍摄无数张照片。如果你的智能手机突然坏了，没有必要重新设置去找遗失的照片（如度假的照片、新生宝宝的照片），因为所有的照片都已经安全地存在云端了。你需要做的就是连接到互联网，用另一个设备去恢复这些照片。这是一件再简单不过的事情了！

计算机正在变得更聪明

　　就像消费者能够从云服务的无限量存储能力中获得实际的

好处一样，公司相对以前也能够更容易且以更低成本获得史无前例的计算运行速度和数字化存储量。这使得机器学习和人工智能得以发展，这两种现象是紧密相连的。机器学习是由一系列的机器语言编程组成的，让计算机在运用数据的处理上变得更加智能化。计算机能够自己学习这些数据，在某种程度上能变得聪明。我们称之为人工智能。当温度下降到预定义水平之下时暖气自动打开，编写这样的程序并不难。但是，如果想要从你所有的家庭照中只选出带有狗的照片，要编写这样的程序就不一样了。因为"狗"这个概念对计算机来说不容易识别：因为有不同品种的狗，不同的狗颜色不一样，大小不一样，它们出现在照片中的形式也不一样——有躺着的，有坐着的，有站着的，也有运动着的。尽管有种种难题，有了今天的技术，计算机还是有可能完成这个任务的。一个大型的数据库已经被用于做这件事情。基于像素的模板，计算机能够辨认出这些狗。第一次的实验结果很糟糕，但是人再更改并输入数据告诉计算机哪些照片里有狗出现了，计算机就运用这些信息改进其对模板的分析和识别能力。每一次实验结果都能改进一些，直到能够非常完美地选取出正确的照片。结果如何呢？计算机把自己变成了一个拥有人工智能的机器。

近几十年，人工智能已经变成了计算机科学家的梦想，他们从 1950 年代中期就已经开始着手研究这个方向，但一直都还没有找到办法实现他们远大的追求。在 1960 年代，这个研究领域仍然被认为是个未来的发展方向，具体的应用还需要很长的时间。原因很简单：那个时代的科学家还没有创造人工智能所需的计算能力，也没有大量的数据可用于学习。今天人工智能得以实现，很大程度上是由于摩尔定律——这个定律是以英特尔芯片的发明者之一的戈登·摩尔（Gordon Moore）的姓氏命名的。他在 1965 年预测芯片半导体的数量会每年翻一番，以与计算能力翻一番的步调一致。十年后，他将预测速度修改为每两年翻一番，这仍是不可思议的速度。无论如何，计算机的计算能力在过去的几十年呈指数式增长。阿尔伯特·爱因斯坦（Albert Einstein）曾说几何增长（指数式增长）是世界第八大奇迹，这并非巧合，因为通过这种快速的增长方式能得出惊人的数字。如果你每次只走一步，走上 30 步，那么你也就走了 30 米左右。但是如果你每次是以 30 步的指数式步数行走，那么你就能绕地球 26 圈了。这就是为什么表述指数式增长的重要性会如此复杂。

　　人工智能的第一个里程碑发生在 1997 年。当时全世界都见证了一款神奇的计算机——深蓝（Deep Blue）的诞生，它是由美国 IBM 公司发明的超级计算机，战胜了国际象棋的世界冠军加里·卡斯帕罗夫（Garry Kasparov）。计算机工程师和国际象棋专家共同为深蓝编程。他们通过模拟从第一步到最后一步获得胜利的每一种可能性，确保计算机有能力突破国际象棋游戏的极限，从而找到最佳获胜策略。深蓝的胜利具有伟大的象征意义，因为这是计算机第一次在基于人类智能的策略游戏中击败人类。虽然深蓝的计算能力毋庸置疑而且令人印象深刻，但这并不是机器学习的全部。

另一个里程碑发生在 2016 年，Alphabet（谷歌的母公司）旗下一家专注于开发人工智能的英国公司 DeepMind 编写的程序战胜了当时全世界最好的围棋选手。围棋是一种类似于国际象棋的中国传统游戏：这种游戏是在纵横各 19 条线组成的方形格状图上下棋。一方执白棋，另一方执黑棋。每一回合，一方选手放一颗棋子在格子的十字交叉线上，然后尝试用自己的棋子去包围对手的棋子。围棋要比国际象棋复杂得多，而且其可能步数比宇宙中的原子还要多。因此，像模拟国际象棋一样去模拟围棋全部可能的步数是不可能的。

这也是为什么 DeepMind 的工程师采用了完全不同的方法，并尝试了机器学习。围棋在亚洲非常流行，这是一个优势：有很多的比赛可以在网上观看，无论业余比赛还是专业比赛。所有的这些比赛都是宝贵的信息库，可供计算机研究分析。当计算机与人类比赛的时候，计算机可以学习哪些策略可行，哪些策略不可行。真正的飞跃发生在两台计算机互相下棋的时候。它们通过比赛的胜利和失败改进算法。这不是通过几场比赛就能做到的，而是需要几百万次对战。这样，当计算机面对人类的时候，就算与世界上最厉害的人下棋，它也能很快地占据上风。它不仅可以计算所有的可能性（但对围棋来说不可能），而且还能运用某些直觉。这就是机器学习真正的革命。

计算机会比人类更聪明吗？

计算机程序能够在非常复杂的比赛中战胜人类，这非常有趣，但是计算机不会改变这个世界。这是真的吗？深蓝被编写出来，是为了去学习如何下国际象棋，那是它唯一的应用。有了 DeepMind，是时候寻找新的应用程序了。对于谷歌来说，机器学习已经让冷却所需的功耗降低了 40％，这是数据中心最耗能的部分。DeepMind 团队解释道："我们能够通过搜集成千上万个数据中心的感应器中的数据得出此结论。我们谈论的是温度、功率、泵速和其他更多的指标。这些数据可以被用作训练多种形式的各种人工智能集合，以提高数据中心的节能性。"[21]

同样的技术已经被运用在开发谷歌照片应用程序的智能搜索功能：在所有的照片中，搜索引擎仅仅基于图像就能轻松提取你所有的冬季运动照。得益于机器学习，谷歌翻译应用的准确率也提升了很多。以前谷歌的翻译结果大多数会非常奇怪。今天其翻译结果已经接近专业翻译人员的作品了。现在这个翻译应用对于像英语、西班牙语这样的常用语言已经非常有效了，因为有更多的可比性信息可以

人工智能可以参加世界级的国际象棋比赛，但是当你的房子着火，它仍旧还在下棋。

获取。邮箱服务相比以前也变得更加智能化，现在能够更自动化地分辨垃圾邮件。

很显然，没有任何形式的人工智能是完全自主思考的。即

使计算机的运行能力再强大，人工智能运行的原动力也是人类赋予的，因为人类提供了信息和创造应用程序。没错：人工智能无法免于愚蠢。虽然人工智能可以参加世界级的国际象棋比赛，但是当你的房子着火，它仍旧在下棋。但是，可能在未来的某一天，计算机能够像人类一样聪明。

知名未来学家雷·库兹韦尔（Ray Kurzweil）甚至预言上述设想在 2029 年就会实现。到了 2045 年，这位技术思想家认为我们会谈论技术的"奇点"，意思是某些人工智能将有能力发动例如史无前例的技术革命，从根本上改变这个世界，甚至比人类能做的还要多。但这并不是说计算机和机器人将统治整个世界。雷·库兹韦尔在他 2005 年出版的书《奇点临近》（*The Singularity is Near*）中第一次提及这一预测。[22]

我本人对这个观点是表示怀疑的。人类是很复杂的生物。掌握围棋的复杂性只是一件事情，完全不同于深入了解人类的其他方面。除此以外，过去绝大部分的科技创新都不是按照指数曲线发展的。技术变革总是在某一段时间点突然加速然后趋于稳定。所以即使对 2029 年和 2045 的预测被证实是对的，我们也不应该对未来发生的事产生恐惧。综上所述，在近些年对这些新科技运用和控制的方式进行思考非常重要。在 2018 年的达沃斯世界经济论坛上，谷歌 CEO 桑达尔·皮查伊提到："无论何时，想要运用科技，都必须要学会充分利用其好处，同时最大程度降低其负面影响。"[23] 纵观历史，每一次新的科技突破发生时，我们都是这么做的。

我们也犯过错：从一开始我们就大范围使用碳和汽车，直到后来才开始考虑环境影响。在这方面，我们已经有所进步了。在发展这项科技的一开始，我们就在识别和讨论人工智能的危险方面。

> 无论何时，想要运用科技，都必须要学会充分利用其好处，同时最大程度降低其负面影响。

尽管如此，很清楚的一点是，现在的数字革命把工业革命和文化革命结合在一起，深深地影响了我们的世界，也颠覆了这个世界。这就是为什么有这么多人在讨论"破坏"：科技革命摧毁了旧的世界，并将其瓦解。甚至有一些人在讨论"优步化"（uberization），以优步（Uber）的推出作为类比，优步的推出颠覆了传统的出租车行业。与此同时，我们知道传统的出租车仍与优步共存，但是这种转变仍被看作是负面的。

就我个人而言，我更喜欢用"重塑"这个词。我们必须从现有的技术角度重新思考这个世界。

> 我们必须从现有的技术角度重新思考这个世界。

本书的第二部分分析了数字发展对我们社会不同方面的影响，包括诸如医疗健康、教育和购物等。所有这些在数字帝国里的方方面面都会被密切关注，以尝试确定如何重塑它们。我当然不是每一个领域的专家，但是对于我们可以期待发生的改变，我希望启发和激发出相关的想法。

第二部分
重塑世界

第三章　战胜死亡

我们如何重塑医疗保健?

根据谷歌的母公司 Alphabet 的说法,科技已经有能力解决重大问题。2013 年,Alphabet 建立了自己的研发中心 Calico,用于研发医疗健康科技。研发中心的使命是战胜死亡。我不确定这一目标未来是否有一天能够实现,但是人们已竭尽所能让数字革命变成未来医疗政策里的一张王牌。人工智能可以实现更快更准确的诊断。机器人提高了手术的成功率,新的测量设备(包括植入人体内的芯片)将会给医生提供巨大的帮助,在早期就能诊断病情和发现危险致命的情况。最主要的是,这项科技已经拯救了大量的生命,并且使人们长期处于更健康的状态。与此同时,医疗保健也变得更有效率,为维持欧洲的社会系统提供了更好的保障。但是其代价是巨大的,这解释了医疗保健承受巨大压力的原因。经济上提供了准入保证,但是质量却打了折扣。与此同时,因人口增长和人口老龄化,导致越来越多的人需要医疗照顾,医疗保健的成本持续增长。这就是数字化发展可以提供解决办法的场景。如果数字化发展在某种程度上可以提供附加值,则产品和服务的价格可能会显著降低,同时质量和可获得性得到提升。

这就是数字化发展可以提供解决办法的场景。

当病人变成顾客

去年，我的女儿接受了足部手术。一切都进展顺利，她得到了很好的医疗照顾，手术的花费也不是很多。然而，在某些时刻我们却感到有一些不舒服。一走进医院，我们就觉得整个医疗系统对待我们的态度不是很认真。我们经常等待好几个小时也得不到任何反馈信息。我记得有一次复诊，我们准时来到了医院，但是排队等候了 3 个小时才看上医生。这位医生在早上做了一个很复杂的手术，花了比原计划更多的时间。医生认真地对待病人，这是可以理解和称赞的。但接下来的事情也显而易见，所有计划在当天进行的其他面诊都要被推迟，而这本应告知正在等待的病人。这种不愉快的事情在 21 世纪是不应该发生的。这也反映了在医疗世界，病人并没有被当作顾客来对待。"病人"（patient）和"耐心"（patience）这两个词之间的相似可能不是一个巧合。在工业时代，类似前面的事无法避免，但是现在我们生活在数字化时代，病人们希望被当作顾客来对待。技术使之成为可能。在数字服务高度定制化的社会其他领域，顾客已经能体验到这一点了。一个简单的应用就能告诉你，你的医疗就诊已经推迟到一个合理的时间或者计划一次新的就诊，即使不采用最先进的科学技术也完全可行。

就目前来看，数字化发展已经可以很大程度上简化医疗文书工作。令人难以置信的一点是，在大部分欧洲国家，我们仍然需要在填写很多的纸质卡片和表格之后才能为医疗检查或者治疗报销。这种行政上的一系列步骤全部是上个世纪的程序方法。很多医疗机构的 IT 技术系统都是过时的，病人的信息只能在当地使用。但是数字化发展就能非常快地解决全部这些问题。而这也能让医生或者护理人员把更多的时间花在病人或顾客身上。

比医生更聪明

数字化发展不仅提高了服务质量，而且人工智能的运用还让医疗诊断更加准确。将 40 亿人连接到互联网的优势是能获取更多的医疗数据：从线上可获得的创新研究到病人匿名呈现的数据。所有这些数据都能够被应用于机器学习，去开发某些人工智能算法，从而能够做医疗诊断，或者至少能够给医生提供帮助。到目前为止，医生可依赖的只有他们学校里学到的或者在他们职业生涯中碰到的案例，但是人工智能可以很容易地参考成千上万甚至是上百万的案例，通过机器学习还能不断改进。

我不是在谈论很久的将来。就以 IBM 的超级计算机沃森（Watson）为例吧。在 2011 年，它参加了一档美国电视娱乐节目《危险边缘》（*Jeopardy*!）。当它与两位世界冠军比赛时，消息传遍世界……结果它竟然还赢了！这就是人工智能的一个伟大里程碑。沃森不仅需要理解口语，而且还要懂得反语和俏皮话。这场表演之后，IBM 将它改造成沃森医生，运用这项技术做医疗研究。在过去的几十年里，这台超级计算机已经处理了千万份癌症研究报告和各类病人数据。因此，科技已经有能力辅助医生治疗最常见的几类癌症。它的发展已经要比 IBM 原先计划的要更复杂，并且仍旧很难市场化，但是其未来是很有前景的。

　　其他的科技公司也已经把焦点放到了医疗健康行业上来。例如，谷歌借助大量的数据分析和机器学习，已经研发了一个诊断糖尿病视网膜病变的算法。你可能从来没有听说过这种疾病，但是

将 40 亿人连接在互联网上的优势是能获取更多的医疗数据：从线上可获得的创新研究到病人匿名呈现的数据。

这种眼疾已经变成了导致失明增长最快的原因之一：在全球范围内，有将近 4.15 亿糖尿病患者面临这种并发症的风险。早期的诊断可以有效地治疗这种疾病，但是如果治疗得太晚，将会导致永久性失明。谷歌研究人员已经证实："全世界许多地方的病人都受糖尿病的影响，但不幸的是，大部分人并没有获得医疗专家对这种疾病的有效检测。我们相信机器学习能够帮助医生，对有需要的病人尤其是贫困人群进行检查。"[24] 在一项美国医生和印度医生的合作项目中，他们收集了将近 128000 份眼睛的医学图像。每一份图像都由眼科医学专家进行评估，他们必须确定哪些图像中的眼睛已经受感染，以及受感染的程

度。这项数据采集使创建一个能够辨别此种病状的神经元网络成为可能。从长远来看，人工智能会减少可能失明的人数，并且这项技术已经被运用在印度的眼科诊所中。[25]

这种基于人工智能的医学筛查方法已经对医疗保健产生了很大的影响。病人从一个医生换到另一个医生的过程中产生的误差或者误诊就可能会避免。同样，如果花费太长的时间才能做出正确的诊断，病人通常需要接受更深入（也更昂贵）的治疗，更糟糕的是，被感染的病人可能已经无法被治愈。很明显，这对病人来说是一个坏消息，但是也提出了医疗保健是否容易获得的问题。当医学获得了人工智能的支持之后，病人遭受的一些不必要的痛苦就可以避免，医疗费用也会降低。

医疗处方的新 DNA

人工智能在基因分析的发展上也起到了很大的作用。Deep-Variant 是一个很好的例子。这个工具是由谷歌大脑（Google Brain）和 Verily Life Sciences 开发的。谷歌大脑是一个谷歌研究项目，致力于研究人工智能，Verily Life Sciences 是一家专注于生命科学研究的公司。这项研究的目的是应用最新的人工智能技术尝试寻找并详细定位遗传物质。人类的染色体组对人工智能来说就像一个巨大的操场，里面充满了上亿条信息链。为了描述基因的复杂性，接下来的这个类比是著名科学家延特·奥滕伯赫斯（Jente Ottenburghs）做的一个实验："我们可以将我们的基因比作用 DNA 字母表写成的大型图书。DNA 字母表是由 4 个字母组成的，分别是 A、T、G 和 C。染色体就像书本的章节，基因组成了里面的单词。在功能基因中存在一些无意义的短语，就如在写书时小猫爬到了键盘上，会误输入一些没用的错误。基因学家的目标是把所有这些单词整理好，放在正确的位置。然后，每段文章要关联到正确的章节（染色体）。这看上去没那么复杂，如果不是因为涉及人类基因组的事实，这本书约有 30 亿个字母。或者说，大约 100 万页。"[26]

　　解码人类基因组可以显著改变医疗保健，因为当医生在制定最高效的治疗方案时，他们不再需要根据症状来识别疾病，然后通过尝试找到最好的可行方案。通过基因分析，医生可以直接地查看你的"软件程序"，并可以更简单地找到问题。当识别到问题时，医生会确切地知道他或她需要处理哪些疾病。更好的是，通过修正 DNA 错误，也许医学可以根除基因疾病。这是一个未来主义者的预测吗？并不是。全世界范围内已经有一大群科学家在致力于发展基因疗法。在这些有前景的技术中，CRISPR 是值得被提及的。一般来说，这是一种 DNA 的剪切 - 粘贴功能，在遗传学家手中，它们形成了有强大作用的分子工具，能够重新改写人类的遗传密码。从根本上来说，这意味着，当科学家想要去替换一部分遗传密码的时候，他们就会重新写一段新的密码。这段新的遗传密码上有蛋白质，该蛋白质会去寻找 DNA，直到错误的密码被找到。蛋白质会把

DNA 切成两半，消除问题基因（如一种源自亨廷顿疾病的变异病），然后用科学家写的正确的密码去替换。这样，DNA 就会自我修复。[27]

当然，只要成本达到几百万欧元，基因分析就不会成为日常医疗保健的一部分。但幸运的是，我们在这个项目上已经发展很久了。在 2000 年的时候，人类基因工程就已经第一次全面地完成了 DNA 结构的绘制。当时的美国总统比尔·克林顿（Bill Clinton）宣布："今天我们正在学习上帝创造生命的语言。"[28]科学家看到了诊断、治疗和疾病预防方面的一项革命性预测。人类基因工程始于 1990 年，直到 2003 年才最终完成。这个项目的总成本达到了将近 30 亿美元。DNA 基因破译的真实成本估计在 5 亿到 10 亿美元之间。从那时起，基因分析的价格就以指数式的速度在下降。在 2006 年，这项分析的成本将近 1400 万美元。到 2015 年中，它的成本不超过 4000 美元。到 2016 年初，这项费用的价格已经低于 1500 美元了。[29]今天，你只需要将唾液样本寄送到基因公司（如 Myheritage，Ancestry －DNA，23andMe），你就能收到基因的分析报告，它的成本低于 200 美元。一些人甚至认为这个价格有可能会更低，只需要几十美元，每个人都可以获得一份基因分析报告。这样，我们就能够知道高强度的运动对我们是否有好处，我们会面临什么疾病的风险，以及哪些食物是我们需要避免食用的。

我们身体内的芯片

除了人工智能，微电子技术也创造了新的可能性。大部分人都会一年去医生那里测 1 到 2 次血压。没人说得准在两次体检之间会发生什么，但是定期测量血压并不是不必要的花费。如果已经发现患有高血压了，会增加得心血管疾病的风险。测量高血压就和检查心率一样，没有特殊的原因，医生也会定期检查心率。在不久的将来，我们检查身体就不需要用这种过时或者随机的方法。由于最新的微电子技术的发展，通过智能手机的应用程序、身体感应器和植入器，将可以连续地测量我们身体的健康状况。现在这种最流行、最切实的例子就是 Fitbit。这种智能运动手表可以测量你的心跳，计算你行走的步数，检查卡路里消耗量，计算你的跑步速度和监测你的睡眠。这种小的设备可以测量并且记录我们每天的所有行动，如果有什么不对劲的地方，它能够让医生通知我们。这种不间断的监测可以帮助医生及早诊断，从而为治疗提供更高成功的可能性。此外，与可以避免的强化治疗产生的费用相比，这种小的测量工具并不是特别贵。终有一天，这些应用程序可以接收到我们正在吃的汉堡的信息，体内的感应器能够测量它们的脂肪含量，有必要的话，你会收到一条要求你调整饮食的通知。

这些没有危害的测量设备在未来几年里将会发生根本改变。到目前为止，我们仍旧依靠着智能手环、手表、贴片式传感器这样的外部工具。但情况发生得要比我们想象得更快。就是为什么美国食品药品监督管理局（FDA，一个负责医药行业监管的美国联邦机构）在 2017 年 11 月为抗精神病药物阿立哌唑（Abilify）的数字化版本开了绿灯。[30] 这种数字化的药物有一个可以被人体吸收的感应器，当这个感应器遇见胃液的时候，它就会马上释放出信号。从那一刻起，医生就可以监控他的病人是否正在服药。

谷歌研究人员和医药公司诺华（Novartis）已经在研发一种程序应用，生产供糖尿病人使用的智能隐形眼镜。镜片上有微小的芯片，可以通过眼泪来读取血糖含量。镜片会随着人体内不同的血糖含量而改变颜色：当体内血糖含量低，它就会变绿，告诉使用者需要摄入一些糖分；如果它变红，就是在告诉使用者是时候注射胰岛素了。如今，糖尿病人每天都要给自己扎好几针来测量血糖浓度。这样不仅不方便，而且也无法得知血糖含量在两次测量之间的变化。这就好比你在驾驶汽车时，只能看到两次超速的情况，而不知道两次超速之间的驾驶情况。智能镜片将会完全改变这种情况。虽然这种科技还没有完全成型，但是在未来几年内我们就将看到它上市，它发展的方向也已经非常清楚。

其至在你的大脑中植入芯片也不再被认为是科幻小说了。电动汽车品牌特斯拉（Tesla）的创始人埃隆·马斯克（Elon Musk）创建了 Neuralink 公司，目标是将人类的大脑连接到计算机。这种技术是通过大脑植入物使人的大脑变得更加聪明。也请不要忘了布莱恩·约翰逊（Bryan Johnson），这位美国企业家通过出售他的 PayPal 公司获取了一大笔财富。他将其中的 8 亿美元投资给 Kernel 研发中心，这家公司的目标是借助大脑植入物治疗各种类型的神经系统疾病。这将是与诸如阿尔兹海默症和帕金森症等疾病作斗争的重要一步。

外科手术医生由机器人担任

机器人代表了医疗行业的巨大发展。即使机器人技术的医学应用仍处于早期阶段，最终机器人也将接管大量通常由外科医生来做的手术，或者至少将由机器人提供重要的辅助工作。这样做并没有错，因为人类医生也不是万无一失的。手术进行时，你必须对外科医生充满信心，并希望他竭尽全力，但手术结果也不会有绝对的保证。将来，外科医生也会一直在手术室内。指导机器人的计算机将由外科医生预先编程，外科医生会一直监督着，将在必要时进行干预。外科医生亲自动手做手术的工作将越来越少。越来越多的外科医生将只用监管手术，像现在麻醉师的工作一样只需要观察。机器人以迅速且越来越高的精度接管医疗手术程序。越来越多的手术可以在短时间内完成，而且大大减少错误和外科医生的疲劳。这听起来很疯狂吧？这听着就像木匠已经不再需要电锯了。他可以先编写一段程序到自动电锯里，然后自动电锯在锯木头的时候就会更加精确。

当然，人体非常复杂，但技术发展速度缓慢，因此它将迎接挑战。

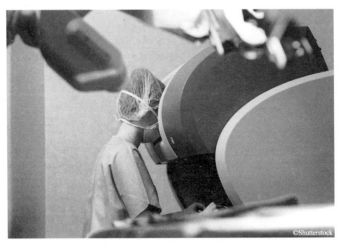

外科手术医生是一个机器人。

　　当然，距离机器人能够完全自主地做手术还有很长的路要走，与此同时，外科医生越来越多地将它们用作手术中的精密仪器。只要将手放在控制器上，脚放在控制盘上，他们就能指挥不同的机械手臂。例如，他们在移除肾肿瘤的同时，能够保留很大一部分器官。直到今日，机器人手术已经大量用在泌尿外科领域；妇科医生和肠胃科医生也在很大程度上依赖于机器人。亚历克斯·莫特里（Alex Mottrie）是在比利时阿尔斯特的一家医院工作的一名外科手术医生，他也是机器人手术的世界领导者和先锋人物。他创建了一家培训机构，来自世界各地的外科医生能在那里学习如何利用机器人做手术。这名外科医生说道:"实际上,我们还没有用到智能机器人进行合作手术。我一直是操控者,机器人是奴隶。当我移动的时候,机器人就会模仿我移动,并且最大程度上简化我的动作。但是,能够独立做手术的机器人在不久的将来终将会来到。根据传送给它们的3D图像和各种类型的扫描图,机器人能够自主地移除肿瘤,这是我的梦想。"[31]

这意味着医生将会没有未来吗?不,当然不可能。我们仍将在医院的走廊上碰到医生。任何机器人和人工智能都不能替代医生。但是以下这两类情况需要进行区分。一方面,部分医生将会变得更加技术化,因为他们将主要与计算机专家、工程师、生物信息学家合作,以研发人工智能、微电子和医疗机器人。如果没有医生的信息和知识的帮助,工程师不可能独自完成任务。另一方面,我们也需要具有高情商的医生。人工智能可以帮助医生完成诊断,但是告诉病人他或她得了癌症,这种告知患者病情的微妙任务是算法不可能完成的。这需要医生陪伴患者,设身处地地正确处理事情,告诉患者可能的治疗选择。我们一直需要医生在机器人和病人之间起调节作用。这也意味着,在医学研究中也需要考虑对病人感情的处理,因为这对未来的医生非常重要。

道义论和隐私权

新的数字科技在医疗保健行业的运用会随之带来,像隐私

刚果的医学资料，我的女儿玛农（Manon）在热带研究所
研究的一个项目。

权和道义论之类的基本问题。毋庸置疑的是，人工智能对医疗
进步来说是一种强大的动力，但是这种智能仅仅建立在数据之
上。没有大量的数据，它就不可能去发展各种人工智能的程序
应用，去改善人类生活甚至拯救人类生命。但是，在欧洲收集
大量的数据用于研究并不容易。科学家们必须考虑到个人的隐
私问题，保护隐私是一项合法的考虑，在任何情况下，这都不
能被忽视。但这一问题也不能干涉用于拯救人类生命的先进技
术的发展。这需要找到一个平衡点。人们可能准备好去分享他
们的医疗数据，以使研究能够取得突破，并以某种方式参与到
自己或其他人的康复中。但很明显，没有人愿意让人寿保险公
司获得自己过往的医疗记录，当健康问题发生的时候，保险公

司会增加保费，也没人希望雇主是基于他们的遗传特征来挑选应聘者。同时，在大型医疗数据库获取所有的信息之前就要保护个人隐私。如果不考虑这个因素的话，是缺乏远见的。

在严格条件下，由专家或者在广义医疗（包括制药和生物技术工程行业）方面的研究人员，对所有医院的患者数据进行匿名处理，这样就能够创建一个大型的医疗数据库供参考。这将促进欧洲的创新，也符合我们的利益。

如果欧洲的公司不再期望获得突破性的解决方法，那么其他公司，比如亚洲的公司就会去做。它们可以在不同的法律框架下，运用其他的方法获取隐私权。这也是为什么在健全的法律框架下为我们所有的公司和研究中心获取最大量的数据这么重要。保护我们的准则和价值观应当是目标，但是以这种方式不会阻碍创新。

关于基因分析的道德争论也是必要的。医生通过分析我们的 DNA 可以确定严重的心脏疾病，然后就可以通过做手术拯救我们的生命，这是一件非常好的事情。但是如果医生遇到有威胁生命的基因乱码的病人，但是他又没办法去治疗，那会发生什么呢？如果你每天都知道这样的事发生在你身上，你的生活会变成什么样的呢？这是一个非常微妙的问题。我非常信任基因分析，但前提是它是在基于大量的心理学、医疗学、道义论考虑之后得出的结论，如在处理安乐死上所一直采用的。关于给病人提供的信息量的争论是非常有必要的，因为有些信息可能会让病人变得更加幸福，甚至能够治愈他们；有些信息就不能让病人知道，直到适当的时候才能告诉他们。这场辩论尚未由医疗部门或患者（没有进行这方面分析或者想知道一切的患者）开启。提出这样的问题完全有必要，因为技术在不断地进步。欧洲完全可以成为这方面的先锋，并根据我们的准则和价值观去确定创新的节奏。

美国的硅谷已经对大量面向医疗保健的公司和年轻的初创公司进行了投资。传统的制药公司必须应对这场它们始料未及的竞争。欧洲的制药行业必须再次重新改造自己。如果能够实现这一目标，那我们的公司又将成为21世纪的先锋，就如同它们在过去一个世纪那样。

第四章　智慧城市中的智慧房子

我们如何重塑我们的家园和我们的城市？

我居住在一间联排房里，我喜欢这间房子。邻居们有时会抱怨街上行驶的公共汽车，但这实际上是我选择住在这里的原因。居住在城市而不是乡村地区，我的孩子可以骑自行车或乘坐公共交通工具自行去附近玩耍。我不用一直开车送他们去那些地方，这样我们都获得了一点自由。

我梦想的房子似乎和许多欧洲人传统上想要的并不一样，虽然他们的想法很好。现在，不是每一个人都能拥有被绿色植被环绕的房子。幸运的是，数字帝国提供了各种各样的不同选择。许多人害怕居住在小房子，或者害怕搬到城市或者城镇中心。但是数字经济的原理能够使每一个人居住得更加集中，更加有效，更加环保，而且不需要牺牲舒适度。在现实中却恰恰相反，因为只有在相应的价格下才会有更奢侈的生活。更不用说家居自动化的突破了，它将提升用户友好性。此外，我们还能够运用3D打印机自己建造房子。因此我想问，谁不愿意居住在数字帝国呢？

每一个人都可以拥有带泳池的房子

在过去的这些年里，找到一间价格上可以承受的房子已经变得越来越困难。首先，你必须储蓄很长一段时间去付房子的首付，然后花费1/3的生命去偿还房贷。并且，银行的房贷政策已经变得越来越严格。

数字革命可以成为保障性住房的有力纽带。在许多领域，数字化已经变得更加灵活和现实。数字经济的原则能够让我们摆脱对物质的占有，转向物质的可得性发展。我们不再需要购买一辆自己的车，而可以通过一个共享的平台，在任何时候都能用上车。我们不再需要去购买音乐和电影，它们可以通过流媒体被消费，流媒体上能够提供太多的内容，以至于很多内容你从来不会看或听。对于一些我们仅偶尔使用的产品，像工具，提供这样产品的共享平台已经存在了。就房子而言，许多人似乎仍然觉得房子只能自己使用。但是基于共享经济的快速发展，这种情况已经在改变了。

合作居住正在成为一种成功的模式，即使这是个容易被忽略的发展趋势。一些家庭选择群居，或是在自己的房子外共享一些空间和设备。例如，复合的群居房还会由多个小房子或公寓房构成。虽然许多家庭有各自的卧室，但是会共享一个花园、阳台、工作室、活动室或多功能的带厨房的房间。这些项目是基于共享经济的原则：每个家庭不会自己购买房子，而是会共享他们与别人的投资，去获得更好的经济效益。我们不再是这个项目的唯一拥有者，但是我们可以享受这些单个家庭无法负担费用的设备。群居家庭的数量在未来几年内会翻一番。[32]

　　许多专家支持这种基于共享经济的居住形式。其中一个专家是建筑大师莱奥·范布勒克（Leo van Broeck），他支持这种群居形式，即由许多个小的单间构成组合住宅，并带有大的共享空间。对许多人来说，这种群租或者合作居住似乎是个人空间的终结，事实上却恰恰相反。共享能够使每个人有机会去享受本来承担不起的奢侈。莱奥·范布勒克举了个例子："公寓的顶层有菜园和烧烤架；地下室有一个空间可以清洗山地自行车；公寓有一个游泳池可以游泳，还有隔音房可以弹钢琴。诸如此类的设备通常只会在大房子中才有。"[33]

　　尽管如此，每个人卖掉私宅并搬到与其他家庭共享的房子中还需要一段时间，但是我相信共享房子的优势会吸引更多的人。至少对于在城市中买不起房子的年轻夫妇来说，就可以采用这样的群租方式；同样，对于那些在当地有很多社会关系又希望能自给自足的老人们来说，这也是一个不错的方法。

只要你想，随时搬家

　　共享经济也刺激了住宅的灵活性。买房子和支付房贷需要付出很多努力，就算是考虑搬家也很累。正如 Century 21 Benelux 的 CEO 伊莎贝尔·韦梅尔（Isabelle Vermeir）所说："搬家到离工作场所更近的地方？搬到更小的房子？这些是我们经常听到的社会问题。但实际上这是一个现实的距离问题。我们愿意接受早上被困在交通拥堵中，只是为了继续住在小镇上自己的房子里。"[34]共享经济可能是摆脱这种僵局的一个重要里程碑，特别是如果趋势正朝向已经存在的汽车共享平台这样的平台模式发展。人们将停止个人投资项目，而是选择能让他们使用住房单元并共享公共空间的认购计划。他们不再拥有自己的房子，而是可以灵活变换，并转移到一种新的居住类型，以满足他们在特定时间的需求。

住宅的灵活性也鼓励人们在较小的空间中共存，这是必要的。如果我们不断地在两个遥远的地方搬来搬去，那么移动性问题将无法找到解决方案。社会为维持我们目前的生活方式所付出的代价实在是太高了。多年来，社会成本一直由民众承担。如果郊区住房开发的真实成本由居民承担，变化将很快发生。[35]

在没有房地产律师或公证人的情况下买房？

数字技术可以改变居住模式以及购房模式。今天，每个人都需要一个公证人来登记购买行为（或者取决于国家、合作公证人、地产律师或公证人代理）。即使买卖交易相当简单，费用也会快速上涨。新的区块链技术可以显著减少这些费用。我们已经通过它在虚拟货币中的应用（如比特币）知道了这种新技术，但其他实际应用也是可能的。"你可以相信我，这将超越互联网。"美国互联网企业家帕特里克·伯恩（Patrick Byrne）欣喜地表示。[36]事实上，区块链技术可以从根本上改变所有交易的执行方式。目前，一切都是集中处理的。我们以房地产销售为例：地籍调查员处理所有交易，公证人起到中介调节功能。他在土地注册所验证并注册。区块链能够让交易以透明、安全的方式进行，且成本更低。大致来说，区块链相当于互联网上所有交易的公共登记册。交易不是由注册实体登记的，而是由互联网上的所有计算机登记的。透明度是被保障的，因为所有交易都在多台计算机上登记。区块链也非常安全，如果要欺骗或伪造信息，你必须进入网络中的每台计算机，因为所有更改都需要在链中的每台计算机上得到批准。并且该技术不需要第三方的干预，因为区块链网络自己验证每个交易。理论上，房地产销售和交易登记可以双边处理，两个人之间的交易不需要公证人。没有了房产中介，区块链技术可以降低房地产交易的成本。这并不意味着公证人的终结。比利时公证联邦处这样解释："公证人的主要职责是为交易提供建议和承担责任，电脑无法做到这一点。如果区块链将我们从行政任务中解放出来，我们就有更多时间处理更需要脑力的任务。"[37]如果交易的注册是通过区块链技术完成的，公证人可以专注于他或她的主要任务：检查所有证明是否完整，确保卖方没有任何债务问题，或确保房产不在洪泛区。

一些有趣的创业公司正在试验房地产行业大数据的可能性，比如 Realo 公司。这家公司不仅想要通过增加标准来改善住房搜索，例如"位于学校附近"和"周围公共交通便利"这些指标，还要根据历史数据和社区的特征实现自动化并对房产进行客观评估。不难想象这样的优化是可行的，特别是当人们看到房地产经纪人有时如何粗略估计房产属性（往往有很大的差异）时。

3D 打印房子

尽管取得了技术进步，我们仍像数百年来一直做的那样继续建造房屋。一块砖一块砖地砌起房子，泥瓦匠这样做着他的工作。一个建筑接一个建筑，不同建筑大师不断超越彼此，有时甚至纠正他们前辈的错误。在某些情况下，为了保证正确性，大量的建设预算用于拆除刚刚建造好的建筑上。让我们以新柏林勃兰登堡机场施工现场令人难以置信的混乱为例。机场建设工作于 2006 年开始，原本的目标是在 2011 年开放机场投入使用。但是，在超过原定截止日期 7 年后，机场仍未完工，2019 年的落成仪式仍旧不确定。[38] 原因是大量的施工问题：成千上万的防火门不能正确关闭，停车场在施工完成后几周内就倒塌，几十公里的电线铺设错误，乘客登记柜台数量不足。

这是前所未有的，而且这个机场的建设至今仍在继续，但规模小得多的建筑问题也同样发生在其他施工现场上。没有人会否认大楼的建造是复杂的，飞机建造也同样如此。波音 747 由 600 多万个零件和 250 公里的钢条制成。然而，就算有制造上的小缺陷，大型喷气式飞机也不会经常坠毁。飞机制造商没有犯错误的余地，如果犯了像许多建筑公司一样多的小错误，没有人会接受。实际上，我们也没有理由责怪建筑业。从各方面来考虑，建筑行业不是一个集中度高的行业，许多小的房子几乎都是由小公司来盖的。按照小规模的方式工作，建筑业在某种程度上忘记了搭乘工业化列车，其盈利能力和效率可以被大幅提高。

3D 打印也是一项对建筑行业有广阔前景的技术。在 You-Tube 上，您可以轻松找到完全借助 3D 打印机建造的中国房屋的视频。在此过程中，水泥和建筑垃圾的混合物由一台巨型打印机一层一层地注入，直到房屋建成。这就是中国公司在 24 小时内成功打印出十几座房子的方式。[39]

在上海，3D 打印机可以打印出完整的公寓楼和别墅，该技术同样在美国和俄罗斯被使用。3D 打印机最大的优势是提供了毫米级的惊人精度：一夜过后，3D 打印机在城市中建造出的墙没有一堵是弯曲的。这种类型的打印机不是在一次操作中建成一栋房子，而是一次打印一堵墙然后组装它们。因此，它们可以建在一个防雨和防风的保

> 3D 打印机最大的优势是提供了惊人的毫米级别的精度：一夜过后，3D 打印机在城市中建造出的墙没有一堵是弯曲的。

护区域，有时也可以使用预制房屋。

用 ICON 在 24 小时内打印出你的房子，花费少于 3300 欧元（ex-press. be）。

　　彼得-保罗·范登伯格（Peter-Paul van den Berg）对未来抱有积极的看法："3D 打印机为建筑行业提供了许多有利条件。它建造的速度更快……人工成本可降低 50% 至 80%。因此，承包商的最终花销也减少了。3D 打印技术能够减少 60% 的废物，可回收物可以被利用并被用作原料。这对环境更有利。3D 打印机还可以提供更多创意、个性化定制作品，还可以在最后一刻更改设计，而无需额外费用和昂贵的成本。"[40] 3D 打印也是解决建筑行业劳动力短缺的结构性问题的方案。[41]

　　虚拟现实技术也可以为房屋建筑作出重大贡献。图纸通常是被印在纸上的，有时可能会有一些用处不大的 3D 图像。虚拟现实将为建筑师绘画带来更多生命力，并提供更好的工作视野，同时防止可能出现的错误。想象一下，在建造好之前，你就可以在家中到处走动，这种方式可以避免许多不幸的意外。

添加一点人工智能，计算机就能够完成一系列标准任务，例如铺水管和电线。

想象一下，在建造好之前，你就可以在家中到处走动，这种方式可以避免许多不幸的意外。

不要忘记还有无人机。这些小型遥控飞机越来越多地被用于在施工现场执行不同的任务，如测量、检查和监控。一些危险的行为可以让无人机完成。把这些所有的发明都组合在一起，就能够降低整体成本和减少在数字帝国中的建筑对环境的影响。

会说话的房子

几十年来，家庭自动化引起了大众的好奇心。让-保罗·贝尔蒙多（Jean-Paul Belmondo）和奥马尔·沙里夫（Omar Sharif）主演的 1971 年的法国电影《大飞贼》（*The Burglars*）中，在公寓里有一幕著名的场景——通过拍手来控制开灯关灯。这一场景中有一个有趣的情节：每当贝尔蒙多拍打一下玩伴，灯光会随之打开或关闭。对这种技术设备的迷恋正在增长，这并不奇怪，因为当时许多新的家用电器都在被发明创造出来。

回想一下在 20 世纪 70 年代和 80 年代进入家庭的洗衣机和洗碗机。当时的应用仍然有限，而且技术非常昂贵。因此，每个电器都有穿过地板、墙和天花板的电线。更换一个在短短几年内就已过时的家庭自动化系统是非常复杂的，这就是为什么到现在为止，家庭自动化从未真正得到发展。

无线（Wi-Fi）技术改变了一切。你不再需要通过电线把所有设备连接起来，而只需要用一个固定在墙上的小设备把各种设备连接到无线互联网。这就是为什么今天我们可以谈论智能家居或者智能住宅。不久以前，这还是不可想象的，但是现在即使像我住的这样的老房子也可以实现家庭自动化，我可以用智能手机控制灯光和暖气。Nest 是 Alphabet 公司的家庭自动化部门，在 2011 年推出了第一款产品——巢学习恒温器（Nest Learning Thermostat），旨在优化房屋的供暖和制冷，以节省能源。接下来的几年中，Nest 推出了更多的应用，例如烟雾探测器、监控摄像头以及智能报警系统。同时，智能手机不再是科技公司的专属领域。能源生产商 Eneco 和 ENGIE 提供 Boxx 系统，它能让客户绘制能源消耗图并轻松验证是否可以实现额外的节能。系统还知道何时开启加热功能，当你出门在外时也可以调节它（例如，你出门在外的时间比预期要久）。Wi-Fi 的使用让科技变得更加灵活：人们可以很容易地从一个系统转到另一个系统，并可以连续地添加新设备。它已经降低了使用门槛，因此今天每间房屋都可以从其中一种可用的家庭自动化中受益。

我们还只处于智能住宅发展的开端。它起始于有趣的小配件，这特别吸引那些对技术着迷的人。通过智能手机控制家中的照明并不会彻底改变我的生活，恒温器却是另外一回事。通过调整加热控制，我家的舒适度增加了，电费却减少了20％到30％。当有人在家时，恒温器能"察觉"到，并会相应地调节温度。它可以远程关闭和打开暖气。当你在度假后回家的路上，想要进入一间温暖舒适的房子时，或者在你离开家却忘记关闭暖气时，这个功能非常实用。

六月能源服务商（The June energy service）就是一个很好的例子。[42]六月能源服务商在你的燃气表和电表上放置多个传感器，以监控你的消费量。根据搜索结果，你将自动切换到其他提供商，以便始终利用最优惠的价格。Nuki 是另一个有趣的例子。[43]这家公司生产智能门锁，它们几乎适配任何门，可以通过远程控制让人进入房子。你可以发送临时密钥到管家的智能手机上，管家就可以在特定的时间进入你的房子。联网的监控摄像头可以让你检查工作是否正确完成。借助虚拟助手，房子将一点一点变得完全自动化。它最先出现在智能手机和智能扬声器上，但今天你可以在你家的任何地方找到它。[44]亚马逊公司创造了一个虚拟助手 Alexa，预装在智能播放器 Echo 内。谷歌Home 智能音响内预装了谷歌语音助理，苹果公司则推出了

HomePod。它们一开始只是用作控制其他设备的声控扬声器，今天，它们已经发展成为屏幕应用程序。在不久的将来，电视将不再需要受遥控器的控制，而是受你的声音控制。三星（Samsung）集团开发的虚拟助手 Bixby 已经融入其新型电视机，这并非巧合。许多制造商都有更高的抱负，而不仅仅是实现简单的语音控制，它们不想在与谷歌和亚马逊的竞争中败下阵来。例如，LG 希望用自己的人工智能系统 Thinq 来控制所有家庭应用程序。这家韩国巨头公司提到了一些可能的应用场景实例，但它们并不十分具有说服力。下面是其中的一个例子：你的冰箱里有一只鸡，你正在冰箱门的屏幕上查找烧鸡的食谱。一旦你选定了食谱，Thinq 会打开 LG 烤箱，并将其设置到合适的温度。它还可以在你的 LG 洗碗机上选择合适的洗涤程序。这一切要归功于新技术，冰箱提示牛奶已经喝完时，它会给超市的线上商店发送牛奶订单。一是被告知晚餐细节，系统会寻找最好的食物和匹配的葡萄酒。

洗衣机、洗碗机和吸尘器，对于许多人来说，只是"小工具"，不会进入千家万户。

所有这些应用程序仍处于小工具阶段。但这项技术开始升温并吸引了大众。为了让我们的生活变得更轻松，这个声控屏幕自然地进入我们家庭的世界，离我们比想象中更近了。

就像过去的洗衣机、洗碗机和吸尘器发明一样。别忘了，最初许多人认为这些设备只是"小工具",永远不会进入千家万户。

智能城市

一座城市就像是一间巨大的房子。数字技术不仅彻底改造了住房,也改变了我们居住的城市。今天,我们谈论的是智能城市。在这些城市中,信息技术和物联网被用于城市管理,用在行政管理以及诸如图书馆、医院、交通和公共服务等事业中。这些系统的最终目的是改善生活质量,创造更好的城市组织,以弥合公民与行政管理之间的鸿沟。城市中的每个组成部分都通过传感器、互联网和技术设备构成的网络连接起来了。[45]

让我们再来看看智能城市的典范新加坡。早在 2014 年,新加坡就部署了智能国家计划。有关部门安装了数量空前的摄像机和传感器,用来记录和存储城市里发生的一切。这就是为什么智能城市受到这样的批评:它们只能起到大量收集数据的作用,从而引发隐私权问题(参阅本书的"数字帝国的信任"这一章)。但所有这些数据都已注册并转移到无数公民使用的应用程序中。智能城市对可用的停车位非常清楚,并向居民和通勤者发送信息,告知他们可以停车的地方。交通信号灯可以自动控制以改善交通流量,或在救护车到来时变为绿色。博物馆和文化中心都连接到一个网络,该网络告诉游客什么时候是最佳的参观时间,或者什么时候乘下一班电车到达目的地。

　　智能城市也记录水和能源用量变化，以便相应调整其供应。它改变了城市解决能源问题的方式。今天，能源生产完全基于工业时代的原则：大型能源厂生产尽可能多的能源，然后重新分配给每个人。这是一种过时的模式，因为我们正在向分散式生产迈进。住宅和公司在屋顶上安装太阳能电池板或风力涡轮机来生产它们自己所需的能源。该系统尚未达到100％可靠，因为生产和使用的高峰和低谷很难管理。由于冬季日照较少，产生的太阳能就较少，但电力需求反而更高。特斯拉已经开发出强大的锂电池，能够储存足够的能量以满足30000个家庭一小时的用电量，以防断电。特斯拉电池可用来自附近的风力发电场的剩余电力进行再充电。[46]

　　所有这些都表明在数字帝国中发生的变化的重要性。新的数字技术改变了我们的建筑方式、房屋的占有方式和生活方式。这就是随着数字化的深化发展，世界的样貌将加剧变化的原因。

第五章　自动驾驶汽车的需求

我们如何重塑移动性？

即使我竭尽所能尽可能多地使用公共交通工具，有时我也不得不在早上从安特卫普南部开车前往布鲁塞尔中心。6 年前我开始为谷歌工作时，在没有遇到交通堵塞的情况下，我可以在早上 6∶30 出发并在半小时后到达办公室。去年我就不得不在早上 6 点出发以避免交通拥堵，今天我必须还要再提前 15 分钟出发才行。移动性这个词完全失去了意义。每个人都大骂没完没了的交通堵塞，这样的堵塞发生得一次比一次早，并且接踵而来。增加或拓宽高速公路不是解决方案。我们需要做的是重塑移动性。

数字化提供了独特的机会。自动驾驶汽车不再是一个未来主义的小工具。凭借 Alphabet 的子公司 Waymo 的技术支持，已经有 600 辆汽车在美国公路上自动行驶，毫无疑问，在未来几年内，我们也将在欧洲的

共享经济产生新的移动形式，我们就没必要到哪都开自己的私家车。并且，我们可以避免许多出行。

道路上看到它们。最初，它们将通过优化交通流量使驾驶更加舒适。但这不是它们的真正价值：其终极目标是让自动驾驶汽车把私家车变得多余。一个不再需要购买汽车的新时代正在崛

起。通过一个简单的应用程序，你就可以随时使用自动驾驶汽车。我们对移动性的看法将会发生深远的变化，我们在城市和城镇的生活质量也将深刻改变。

在等待自动驾驶汽车到来之前，数字化已经为我们提供了多种解决方案。共享经济产生新的移动形式，我们就没必要到哪里都开私家车。此外，由于数字化发展提供了多种沟通方式，我们就可以避免许多出行。

上个世纪的流动性

我们中的很多人都需要精神上的转变才能够接受新移动性的原则。这就是为什么认识到当前的移动性是过去工业革命的产物是如此重要。工业革命时代移动性的精神之父是谁？亨利·福特（Henry Ford）。他甚至在第一次世界大战之前就引进了装配线生产。他通过这种做法奠定了大规模生产的基础。汽车一辆接一辆地驶离生产装配线。汽车已成为大规模生产的一部分，几乎每个人都很容易获得。

这种发展可以归功于为数百万从未离开过家乡的人带来的移动性。与此同时，我们必须承认，移动性已经扩张到超出我们的控制范围，许多城市每天都必须处理结构性交通拥堵。

此外，我们所有人都不得不付出代价。交通堵塞会造成压力并让我们的时间利用效率低下。美国公司 Inrix 处理来自世界各地的实时交通信息，每年都会发布交通记分卡（Traffic Scorecard）。2017年，它计算出司机在布鲁塞尔及周边地区平均浪费39小时。[47]有多少人早上要开两小时车才能到办公室，然后带着沮丧和压力去工作？当我的孩子们很小时，如果我要准时上班的话，就几乎不可能和他们一起吃早餐或带他们去学校。我试着至少不要错过晚餐，但并不总是那么幸运。我开车回家的时间从25分钟到一个半小时不等，有时甚至更久。

更重要的是，交通流量的增加可能是致命的。在全球范围内，机动车事故每年造成120万人死亡。[48]再加上汽车污染造成的死亡，很明显，现在亟需采取行动。[49]也许我们必须开始彻底地重新思考移动性，因为所有这些交通堵塞都潜在地毒害着我们整个社会。

从所有权到可用性

对于很多家庭来说，汽车是排在房子后面的第二大消费。然而，这不是一个好的投资。我们开车上班后，它就整天停在停车场。下班后我们开车回家，到家后我们在家看电视和睡觉，车子就停在我们家门前。因此，超过95％的时间汽车都不会动，即使买一辆车动辄要花至少15000欧元。尽管如此，人们仍然非常想拥有一辆自己的车。数字化发展可以完全颠覆这一趋势。

在前面的章节中，我已经概述了数字社会如何从占有到提供可用性转变。所有权时代已经过去了。我们消费音乐的方式是怎样的？过去，我们买的 CD 已经被丢弃在柜子里。今天，我们订阅音乐流媒体服务。我们没有拥有实体形式的音乐，但我们可以随心所欲地听音乐，移动设备让我们无论在哪里都可以听歌。当然，不再拥有 CD 或 DVD 与摆脱私家车之间的区别是巨大的。大多数人确实依附于拥有一辆车。改变心态需要时间。汽车在过去是某种社会地位的象征，可以用来展示我们的身份。这可能恰恰是引起改变的原因。在不久的将来，购买自动驾驶汽车将具有象征价值（就像现在购买一辆特斯拉一样）。随着越来越多的人——甚至公司——与移动性连接在一起，将逐步整合移动性这一概念，直到拥有私人汽车丧失影响力，并且每个人都可以使用自动驾驶汽车。自动驾驶汽车将变得极其简单。很快每个人都会使用自动驾驶汽车，从可用性而不是占有权角度来看，使用汽车是合乎逻辑的。如果我们不自己开车，为什么要买车呢？

共享经济正在改变移动性。共享单车服务已经出现在很多城市。用户从一个车桩提取一辆自行车并放回到另一个车桩。如果你想在一个城市进行短途旅行，没有比这更好的交通工具了。

自由移动的共享单车在多个城市取得了巨大成功（一旦租用自行车，你就可以在城市的任何地方骑它）。这些服务的成功证明了一点：城市和公共实体应该投入更多。这是非常有利可图的，如在丹麦所证实的那样。关于自行车骑行者的政策使哥本哈根成为欧洲自行车之都。大约 62％的居民骑自行车上学或上班,[50]这对于一个比许多南方城市气温低得多、下雪次数也更多的城市来说，显得格外引人注目。

　　像 Drive Now 这样的平台现在也鼓励汽车共享。在过去，你得去一家租赁公司才能预约一辆车。你需要阅读一份有很多页纸的合同并签名，而且不可能只租用时不到一天的车。这种程序复杂、昂贵且不够灵活。没有车的人根本不会为了开车去买杂货而去租车公司租车。但是对于汽车共享平台，这已经变得可能。年轻人不必拥有汽车，但可以在这些平台根据自己的需要租用一辆汽车，使用几个小时或几天。用户可以使用手机上的应用程序预订车，在其中一个聚集点提车，然后按照实际驾驶里程按比例付款。

欧洲版的优步应用程序?

　　当然，共享汽车的顶峰是优步。这家美国互联网公司特别开发了一种应用程序，能够让乘客和私人司机在全世界范围内 600 多个城市中相互联系。这种共享汽车系统是出租车和公共交通的一个很好的替代方案，因为它通常费用更便宜，叫车速度更快。相对于使用的友好性和提供的服务质量而言，出租车显得昂贵。我们不总是能确定出租车司机知道如何到达预定的上车地点，并且，如果司机假装电子支付设备出故障不能支付或者声称自己没有找零现金给付现金的顾客，这对顾客来说不太好。这种情况会让行程结束后等着买单的乘客和在路上等着的其他司机都很不开心。

优步的应用程序解决了所有这些问题。你所要做的就是注册并等待智能手机上的优步司机的到来。基于乘客与司机共用同一个应用程序，司机能确切地知道乘客的位置。付款自动完成，费率透明。这种透明度和简洁性使得优步能够快速地在世界各地进行业务扩张：学生可以在晚上活动后打车回家，商务人士在城里出差时可以打车从一个会议赶到另一个会议。很多巴黎人不再购买汽车，因为这个城市的停车位太贵了。他们更喜欢用优步在城市里穿梭。像这样的共享平台使旅行变得更优化，因为它们透明、便宜并且使用方便。通过使用公共交通工具到达城市来避免交通拥堵，并使用共享平台，从一个会议去到另一个会议，这确实是可行的。

这种潜力不仅限于城市。共享平台也可以成为农村地区移动性问题的解决方案。以合理的价格提供各种公共交通是很难的，因此有必要开发新的移动方式。想象一下，你住在法国南部的一个村庄，离里昂只有几公里，你喜欢在周六晚上出城。乘公共交通工具去那里也许是可能的。但是过了晚上10点就没办法回家了。唯一可选择的解决方案是叫出租车（如果能打到车的话费用也很贵）或者骑自行车（你的身体状况好的话）。

在某种程度上，汽车共享平台就像个性化的公共交通工具。有足够多不喝酒的车主，并乐于赚几欧元来把孩子们安全带回家。这甚至可能成为某种社会承诺，因为此类举措可以鼓励年轻人继续生活在小镇上并保持道路安全。

尽管传统的出租车司机害怕丢工作，但当优步到来的时候，他们的工作并没有消失。这两种系统在许多城市并存，大部分时间里，我们正在见证需求的增长。不幸的是，欧洲国家的权力机构对优步的到来如此紧张，甚至完全禁止了优步。他们正错失一个机会，而这个机会不仅对优步有用。事实上共享平台可以采用彻底的改进措施。我不仅在谈论未来，而且在谈论现在。我们不应该谴责创新，而是欢迎它。创新需要由权力机构来刺激。首先，权力机构需要暂停管理传统出租车行业的严格规则和规定，因为它赋予了出租车一个不可触碰的垄断地位。其他参与者被排除在市场之外，该行业并未感受到创新的必要性，这可以解释为什么这个行业经常收到关于差劲服务的投诉。与此同时，传统的出租车服务和共享平台之间的竞争仍然很良性，这一点很重要。需要减轻影响传统行业的巨大财政压力，并将数字公司所得纳入财政框架。在这方面，比利时权力机构已朝着正确的方向迈出了一步。自去年以来，通过认证的共享平台已经获得高达每年6000欧元的免税所得。任何赚取更多收入的人都必须为所有收入纳税。[51]这些举措可能会为我们欧洲自己的平台带来一些新鲜空气。

我们现在需要为美国优步应用找到欧洲的解决方案。有必要正确理解事物。这不是一家安特卫普出租车公司做事的方式，它们显然希望通过创建自己的应用程序来响应共享平台的出现。对我来说，这似乎是一个好主意：我下载了应用程序，并立即叫了一辆出租车。但它根本没来。当我打电话给出租车公司时，我被告知无法保证通过应用程序预约的出租车真的会出现。该应用程序未向我发送任何通知。这表明出租车公司完全没有理解优步带来的启示。这不是应用的问题，而是客户服务的问题。顾客希望获得廉价、高效且人性化的服务，也希望服务能快速响应。这是可能的。例如，可以参照德国的 Mytaxi 应用程序，它在都柏林非常成功。

自动驾驶汽车与可怕的交通拥堵

共享平台和自动驾驶汽车的结合实际上将彻底改变移动性。当你真正需要一辆车的时候，简单的应用程序就能够让你用上自动驾驶汽车，你为什么还要买车？它会带你去上班，你可以在路上读报纸，然后它把你放下来，就可以去接下一个乘客。汽车将只能用来到处移动，城市的停车场将没有任何用处，因为自动驾驶汽车在去城郊充电之前，可以不断地载一个又一个乘客。世界将会完全被改变，停车场的问题也能够得到解决，城市不再需要大量的巨型停车场。行人和骑行者也将会从绝对安全的公共空间中获益。城市将被交还给市民，而不再是一个车的世界。

得益于自动驾驶汽车，机动性可以根据每条轨道的需求来调整。小型车在上下班接送乘客去工作更有效率；对于家庭旅行，那就可以使用大型车。除了更高的舒适度之外，对环境的影响也很重要。自动驾驶汽车不仅效率更高，而且污染更少。同时，由于这种新的移动性，到处都是大型（污染性）汽车（通常只能载一个人）的交通拥堵也将消失。然而，一些研究声称自动驾驶汽车将导致更多的交通拥堵。首先，研究人员认为，包括孩子和老人在内，会有更多的人使用自动驾驶汽车。他们也担心过度使用汽车会使大家对公司的关注减少，因为员工可以在路上完成工作，而在公司花的时间更少。这是事实，但他们低估了自动驾驶汽车对交通流动性带来的有利影响。很难想象自动驾驶汽车可以在多大程度上改善交通，以及提供解决方案，如改善拼车业务的组织或小型汽车的泛滥。

在进入可以使用自给自足的交通服务的阶段之前，人们可能会先购买自己的自动驾驶汽车。这将是有优势的，因为自动驾驶汽车的危险性较小，并且在交通中的行驶效果更好。YouTube上有很多关于幽灵堵车的视频。它涉及奇怪的、突然的、变慢的、没有特殊原因的路况（事故或道路建设），并以同样神奇的方式自动解决。我们自问："交通堵塞来自哪里？"原因是我们都是非常糟糕的司机。道路非常拥挤，容忍犯错的空间很小。然而，我们一直在做的就是：犯错。驾驶员所能做的就是紧紧跟随前面的汽车，然后突然刹车，后面的司机只能刹得更重，一个接一个地刹车。数以百计的车慢下来，每个人都停下来，交通拥堵就这样发生了。伊利诺伊大学的研究人员记录了这一现象。他们做了一个实验，20辆车在一个没有任何障碍物的大圆圈内兜圈子，汽车开得很好，直到其中一辆车坏了，然后停在路上。不一会儿，连锁反应发生了，所有的汽车都停了下来。然后研究人员告诉所有的司机再次开始兜圈开车。只是这次自动驾驶汽车已被添加到兜圈中。这就是不间断地兜圈打转所需的全部。驾驶员继续踩刹车，但自动驾驶汽车保持最佳状态的距离，只有必要时才会踩刹车。因此，减速的汽车少了，踩刹车也变得少了。现在想象一下，如果高速公路上10%的汽车是自动驾驶车，会发生什么？这不是未来主义者的预测。"达到这种效果所需的自主水平不是Waymo、优步和其他公司寻求建立的那种——它更类似于许多高端汽车中已有的自适应巡航控制系统。因此，虽然我们可能需要等待一段时间才能感受到全自动效果，但它能够减少交通堵塞的能力可能比我们想象中更快。"科技杂志《麻省理工科技评论》（*MIT Technology Review*）这样总结道。[52]

　　此外，由计算机控制的汽车是安全的，因此自动驾驶汽车可以潜在地减少道路中的死亡人数。全球范围内，人为错误导致了约94%的严重事故。[53]在这种情况下，机器和计算机更可靠：不喝酒，从不分心，也从不会疲劳。从现在起大约20年左右，很难相信十多吨的大卡车还会由人类负责驾驶。

自动驾驶汽车将比想象中来得更快

自动驾驶汽车仍处于研发阶段，但它们不再属于遥远的未来。5年前，当我谈到自动驾驶汽车时，每个人都会认为我疯了。今天，600辆 Waymo 车在美国公路上行驶。2016年，在用模拟器行驶了16亿公里之后，它们已经以完全自主模式行驶了1200万公里。[54]优步和几家中国公司也在研发自动驾驶技术。当然，我们还远未实现广泛使用自动驾驶汽车，但从我的角度来看，我们不用等待30年，可能5～10年就能实现。已经投入大量资金开发自动驾驶汽车的公司正竭尽全力确保快速获得投资回报。

一辆 Waymo 的小型自动驾驶面包车

既然我们已经开始意识到自动驾驶汽车并不是幻想，对它的怀疑就正在被恐惧所取代。任何一起与自动驾驶汽车有关联的事故都会获得全球媒体机构的评论，即使严重事故极为罕见。大多数事故是人为的。例如，当其他司机撞上了自动驾驶汽车时。事实仍然如噩梦般存在。"编写自动驾驶汽车的程序决定谁在车祸中死亡。"这是最近全球范围流行的一篇文章的标题。[55] 这篇文章的作者想知道，如果一辆公共汽车突然出现在自动驾驶汽车前面，以至于事故发生不可避免，那么自动驾驶汽车会做出什么反应。

已经投入大量资金开发自动驾驶汽车的公司正竭尽全力确保快速获得投资回报。

自动驾驶汽车是否会冒着乘客的生命危险改变路线？它会采取一个危险的避让操作，使满载儿童的公共汽车撞到树上吗？还是说，它会冒着汽车自身和公共汽车上乘客的生命危险，全力撞上公共汽车？想象这样的情景是完全荒谬的，因为自动驾驶汽车提供了最大程度的安全性，这已被它们拥有的数百万公里驾驶记录所证实。此外，避免所有事故是不可能的。我们永远无法免于受到意外的伤害：如倒下的树，在车前突然跑出的动物或小孩……但是，人类驾驶员对此也同样无能为力。而且，即使这种类型的事故出现，自动驾驶汽车也会有更好的反应，快速思考，更加警觉。死亡事故的数量可以减少。

这实际上更多地说明了每一项新的技术突破都带来恐惧和不信任。我们可以很容易把自动驾驶汽车与这件事对比：2004

年，埃隆·马斯克宣布特斯拉正在开始大规模生产和商业销售电动汽车，全世界都在嘲笑。几年后，电动汽车确实在市场上亮相了，媒体又竭尽全力去证实这项新技术是有限的，但现在特斯拉汽车已经开在了路上，有些型号的车甚至能自主地在车流中穿行。2016 年，电动车的生产商交付了 76230 辆汽车给客户，2017 年超过 10 万辆。

到 2020 年，特斯拉希望汽车年销售量达到 100 万辆。[56] 这是特斯拉创造的冲击波，改变了整个汽车行业。传统的

> 这项新科技在一开始被认为是可笑的，然后是危险的，直到最后变成一个每个人都认为可行的方法。

汽车制造商也开始制造电动或混合动力汽车。这项新科技在一开始被认为是可笑的，然后是危险的，直到最后变成一个每个人都认为可行的方法。

卡车司机会失业吗？

你经常会梦想着有一辆自动驾驶汽车吗？卡车司机可能没做过这种梦，因为自动驾驶卡车也在制造中。2016 年，当一辆自动驾驶卡车进行商业交付时，百威英博（ABInBev）在美国科罗拉多州引起了轰动。这家比利时啤酒巨头的重型卡车确实运载了一车的百威啤酒行驶了 190 公里。一名司机在这辆车上，但他可以在车上舒服地读书。欧洲也在进行实验，特别是在大公司。自动驾驶卡车显而易见不再需要司机了。由于新技术的出现而导致成千上万个工作岗位消失，这是一个可怕的噩梦。

到底发生了什么？

首先，自动驾驶汽车和卡车不是今天就要使用的。它们肯定会在未来 5 年或 10 年以后到来，彻底更换整个车队还需要很长时间。这为就业市场留出了足够的时间来做好准备。更重要的是，卡车司机的职业不再吸引人。公共汽车司机和卡车司机在敏感工作名单上名列前茅，这意味着雇主们很难找到好的应聘者。在高压和不规则的工作时间里，日复一日地驾驶在碰碰撞撞的交通里……你不想写信告诉家人，这就是你的工作状况吧。

并不是因为某些工作正在消失，其他工作就不会存在。不管自动驾驶卡车所用技术的独创性如何，它仍然是一辆有轮子、机械和电子部件的车辆。对机械的需求永远都会存在，甚至可能比今天更多。"确实，未来几年我们不会在路上看到成千上万的卡车司机。与此同时，他们中的一些人将接受培训成为机械师。这种再培训不应该超过 3 个月，因为谁比那些每年行驶数千公里的人更了解卡车？"猎头公司 Randstad 的 CEO 雅克·范登布鲁克（Jacques van den Broek）在阿姆斯特丹的一个关于未来就业的会议上说道。话虽如此，并非所有卡车司机都是机械师。但数字化也创造了其他就业机会和需要的新技能。我相信每个人都可以通过好的培训获得一份好的职业。更棒的是，今天的卡车司机将有更舒适、更安全和更健康的工作，此外，一些卡车司机仍将需要监督驾驶以及装货和卸货。

远程办公的乐趣

数字化不仅使移动变得更容易，还可以让你减少花在路上的时间，同时可以在家里工作。所有智能手机、平板电脑和笔记本电脑都支持视频会议，不需要特殊的软件程序或昂贵的独立设备。通过互联网和移动设备就能够组织一次会议，与在里斯本或上海的同事通话。因此，你不再需要整天一直待在办公室。然而，远程办公不是与专业行为挂钩。例如，8％的比利时人使用远程办公。他们平均每周有一天时间在家中或靠近家中的从属办公处工作，从而减少了2％的交通流量。这意味着二氧化碳排放量更低，空气污染更少。更重要的也许是，如果我们能够将远程办公人员数量增加一倍，在比利时每年就能减少25个在道路交通事故中死亡或者受重伤的人。[57]然而，这个理念经常遇到很多阻力，因为我们仍然深深地沉浸在先前工业革命灌输给我们的原则中。

控制和表现是工业时代的关键词。每个员工必须早上9点到岗，老板会用时钟检查每个人的作息。下午5点，每个人可以下班回家，不能早一分钟。许多工作场所的时钟已经消失，但它继续在我们思想中发挥作用。太多的经理仍然认为他们的员工应该来到办公室，不然管理层怎么监管他们？现在是时候埋葬这种管理想法了。经理需要放手并信任他们的员工。在谷歌，每个人都受益于大量的自主权。我们花了很多时间进行招聘，因为我们希望确保新同事的工作动力并且保证他们完全理解其工作使命。这种同事通常比他的经理更知道如何成功。别搞错了，员工知道如何安排时间，哪些时间他们真的需要在办公室，哪些时间他们可以在家工作。

这是否意味着不会产生任何问题？不，当然不是。每个人都有相同的自主权，不会一直受到控制。但那些过度使用它的人、工作经验不足的人，或者是那些不按照原本的工作方式完成工作的人，他们将被约谈，然后获得帮助。作为经理，这对我来说是一个很大的变化。我不再需要花时间组织和监督我的团队，只有在偶尔的情况下，我才需要帮助解决一件困难的事情并使之回到正轨。腾出的时间能转化为生产力的提高和为员工提供更有价值的工作。

所有经理都应该尝试在他们的公司进行远程办公。如何实行呢？首先，你需要了解它为什么有用，然后继续进行下去。所有现在需要做的只是观察它带来的积极影响和员工的成长方式。如果有必要，就及时纠正错误和低效行为。很明显，远程办公并不适合所有人。处理机器故障的技术人员必须在现场工作。同样，需要顾客和访客的接待员也要在现场。但是今天的规则要求几乎每个员工都出现在工作场所，这种情形应成为例外。由于工作的性质的原因，少数员工必须一直出现在工作场所，但对大部分人来说，工作灵活性是值得提倡的。

没有新技术就没有远程办公

对于管理者来说，将远程办公作为一种新的标准不仅仅需要心态上的转变。我们生活在 21 世纪，享有科技成果，如平板电脑或智能手机。但有时候，时间似乎在工作场所停止了。一些员工仍然需要在像 AS400 这样的老式计算机上工作（这是一款 IBM 在 1988 年发明的产品），使用 Windows 98、Lotus Notes 或其他如老古董的操作系统。没有什么比用 Skype 给在澳大利亚度假的孩子打电话更容易了；但是当需要与另一个部门组织视频会议时，你可能要先联系 IT 部门经理。只有当同事可以借助自动提示信息共享日程、计划的会议，并能够轻松组织视频会议时，远程工作才会变得更有效率。很多公司都高估了在这方面需要投入的成本。在过去，我们谈论的是一系列主要成本。当我还在为传媒集团 Corelio/Mediahuis 工作的时候，我们在 2011 年投资 30000 欧元用于开发一个应用程序，该应用程序可以让我们在布鲁塞尔总部与我们的那慕尔分部——《未来报》（L'Avenir）之间进行视频会议。视频系统必须安装在两个办公场所的某个位置，结果空间太小以致无法容纳整个执行团队参加会议。该技术运行良好，但用户友好性和价格不平衡。

如今，许多经济实惠的应用程序已经出现。它们使员工只用花费几十欧元就能上手使用。由于云计算和软件服务的发展，该技术通常比以前便宜，公司不再需要投资昂贵的设施，因为它们可以租用云服务中必要的存储功能。考虑到它们也可以在订阅的基础上使用，公司也不需要在软件程序上花费很多钱。投资成本相对于运营成本变得更小。这是一种更灵活的解决方案，它并没有占用很大一部分的公司资本。一个很好的例子是gSuite——谷歌公司的一个产品包。员工可以使用它发送电子邮件、保存文件和处理文档，可以用 Google Hangouts 参加视频会议。每年每人只需花费 40 欧元就能使用所有这些功能。换句话说，由 10 名经理组成的团队可以使用他们远程办公所需的所有工具，每年全球团队所需费用为 400 欧元。现在，再和我以前的工作中花费的 30000 欧元来比较一下……

许多公司都没有跟上世界发展的速度，并顽固地坚持使用公司以前的 IT 系统。它不仅耗费了大量资金，而且还会降低你的工作效率。

我估算，Hangouts 和 gSuite 能帮我轻松地节省 30％的时间，因为我的出差更少了，开会时间不再那么久，并且优化了会议参与。我的执行团队中的一名成员甚至在他不在场的时候参加会议。他停下车，参加视频会议，结束之后再接着上路。

公司配车的问题

令人沮丧的是，我们都习惯了现在的交通路况。但如果 20

世纪 60 年代的人们前进到今天并感受道路狂热，我们将立刻见证人民起义。没有政治家能够在选举中继续留下来。

不幸的是，欧洲在解决交通拥堵的问题上，并没有做太多的事情。相反，许多国家正在使用的公司汽车系统已经发展了很久，甚至补贴那些在交通拥堵中被困在方向盘上的人。这是令人无法理解的。如果我们想要解决移动性问题，我们需要启动财政改革，减少对领薪劳动力的征税，以淘汰公司汽车系统。持怀疑态度的人会声称交通拥堵不会消失，但人们只会自己开车上班。他们的观点部分正确：汽车仍然是一种流行的交通工具；但是当人们开着自己的车时，其行为会有所不同。

在谷歌，没人有公司配车，即使是老板。当我刚开始我的职业生涯时，我自己有点怀疑这种方式。在我看来，这是一笔不错的交易，特别是对于公司来说。因为我认为它们可以标榜自己减少了二氧化碳的排放，而实际上这个问题被转嫁给了员工。没有比这更不符合事实的了。这种勇敢的做法肯定会产生立竿见影的效果，汽车的使用量直接导致污染的产生。就我个人而言，我把我的大 SUV 换成了一辆可爱的 MINI 车，它只消耗大约一半的汽油。在比利时的谷歌总部的停车场里没有大型的昂贵汽车，只有小的城市汽车。此外，在布鲁塞尔的公司只给大约 60 个员工提供了 5 个停车位（我没有自己的预留停车位）。这鼓励我们的员工将汽车留在家中并使用公共交通工具，如果他们自己开车，就要为自己的汽车付越来越多的费用。所以他们就不买车，因为他们的伴侣已经有一辆车，或者只是因为很容易乘公共交通工具到办公室。

就我个人而言，我想采取另一种方式，用电动汽车取代我的 MINI 车。这是完全可行的，因为我们公司的停车场有一个充电站。我只需要在家附近有个充电站，因为我家里没有车库。我所在的城市会根据需要设置充电站，但前提是你已经购买了电动汽车。但是，该城市不保证是否设置以及何时设置充电站。我不能买电动车，因为我没有充电站；我无法要求设置充电站，因为我没有电动车。这在逻辑上有个根本性的错误。如果我所在的地区有充电站，我真的会毫不犹豫地购买一辆电动汽车，因为今天我们可以找到型号很棒的车。这是政府可以通过几个措施就能影响我们的购车行为的好例子。

数字化使我们能够完全重塑数字帝国里的移动性。它不但可以在短时间内解决我们所有的问题，而且还提供了真实有趣的解决方案，并可以快速实施。

第六章　学习的乐趣

我们如何重塑教育？

我们的学校就像一个丰盛的自助餐厅，里面有大量菜品可供选择。但即使我们的孩子不饿，他们也会被迫把东西吃光。哪怕是美味的鱼子酱和生蚝，你仍然需要有胃口才会去吃。教育项目也是如此。然而，对数学没有兴趣的人无论如何都会对大部分的内容咬牙切齿不肯学，不喜欢历史学的人只会狼吞虎咽地吃下塞给他们的知识。激情和热情不能用武力强加。"孩子不经受磨难就无法取得成功"，我们必须放弃这样的想法。识别天赋以便尽可能地激发天赋更为重要。这是让我们的孩子为明天的数字社会做好准备的唯一途径。

没有一个社会行业像教育一样重要。如果没有教育，我们就不可能从农业社会进入工业社会，就像我们在前几次工业革命中经历的那样。大部分人都获得了受教育的机会，或有机会接受再教育。从上一代人到下一代人，拥有更安全、更健康的工作成为可能。每一代人的工作比上一代人的工作更有激发性，并且有更好的待遇。这种演变是我们当前繁荣的基础，也是欧洲的主要资产之一。

今天的社会正在经历一场变革，这场变革至少与工业革命期间发生的变革一样重要。教育将再次被呼吁发挥根本作用。

由于数字革命，一切都在加速变化。人们每天学的知识在明天过后都会变得过时。儿童、青少年和成年人必须学会处理永久性变化、冗余信息和众多技术。数字革命导致就业市场发生根本性的变化，即要求新技能、新人才和直到今天还未出现的功能。教师面临一个双重挑战：既要让儿童和青少年为新世界做好准备，又要让成年人确保自己不会错过数字方舟。教育世界将不得不在数字帝国里重塑自己。

学习越过数字高速公路

小孩从小学开始学习正确地过马路，因为交通很危险，确保安全穿行很重要。与此同时，一条数字高速公路已经建成，但几乎没有人告诉儿童和青少年如何接近它。许多欧洲国家目前的教育并没有过多关注数字世界的好处，也没有阐明其潜在的危险。然后，我们对事故的发生感到惊讶……

虽然教孩子们如何对待新的数字技术很重要，但是解释这些技术如何运作的原理也很重要。为了做到这一点，我们必须尽早开始教他们编程。这并不是因为我们需要让所有人都成为优秀的程序员，而是要教他们一项与学会骑车或安全过马路一样重要的技能。计算机是日常生活的一部分，儿童需要知道如何使用。更重要的是，会编程有助于更好地了解世界的运作方式。

为了让孩子了解数字技术，很明显，人们不应该让他们陷入无聊的理论课中，而是以娱乐的方式让他们感兴趣。今天很容易教孩子如何为小的玩具机器人编程，以轻松执行一系列有趣的任务。

在这样的背景下，CoderDojo 可以说是一项伟大的举措。这是一个在爱尔兰发起的国际非营利组织，教授 7 至 18 岁的女孩和男孩编程，青少年可以免费接受志愿者提供的计算机语言教育。鉴

小孩从小学开始学习正确地过马路，因为交通很危险，确保安全穿行很重要。与此同时，一条数字高速公路已经建成，但几乎没有人告诉儿童和青少年如何接近它。

于这一项创意的成功，人们想知道为什么教育系统没有纳入这些相似的课程给所有孩子。如果父母知道编程的重要性，就不会不给孩子报名学习编程。难道让每一个孩子都有相同的机会接受学习不是一个重要的使命吗？

年轻人只有更多地关注 STEM 课程，他们对技术的熟练才会发挥优势。STEM 是科学（Science）、技术（Technology）、工程（Engineering）和数学（Mathematics）的首字母缩写。数字革命正在使世界围绕技术和电子技术发展。这场革命只会加剧，从而增加公民对科学素养的需求。

商业世界渴望拥有更多技术型人才。多年来，技术贸易一直排在长期人才不足的问题列表的前列。许多 IT 行业的专家职位也一直空缺。对于以技术为引擎驱动发展的经济来说，这是一个问题。最重要的是，工作场所的更加多样化也将转化为业绩更好的公司和更好的产品。因此，我们有必要作出特别努力，

以激发人才对这 IT 领域的热情。

在由数字化转型所产生的新技能的发展中，学校发挥着主导作用。但现实是，还有很多工作要在学校里完成，以改善计算机资源和教师培训，使他们能够成为未来有效的教学驱动力。

学会成为一名企业家

注重科学和技术并不是教育需要改变的唯一方面。许多大学生从来没有机会学习管理课程，这些课程通常预留给经济学学生和未来的商业工程师，这太荒谬了。所有大学生都应该在高等教育的第一年学习管理课程。难道医生、律师、企业家不在为自己创业吗？为什么他们要通过反复试验、试错来学习一切，而经济学毕业生却可以在管理方面打下扎实的基础？即使对于没有完成学位课程的学生，接触企业家精神也可以见效。就算学生在大学成绩不理想，也会有改变世界的想法的萌芽，谁知道呢——许多企业家和名人没有完成学业，但同时也功成名就，如比尔·盖茨（Bill Gates）、史蒂夫·乔布斯（Steve Jobs）和马克·扎克伯格（Mark Zuckerberg）……所有这些中断大学学业的人都全身心地投入到自己的事业中。

关于演讲的技巧，我们的学生有很多要学习的地方。美国人非常擅长演讲，因为他们很小的时候就学习在公开场合辩论和开展演讲，这是他们基础知识的一部分。这与整个欧洲的情况相去甚远，然而欧洲的一切也都围绕着交流展开。例如，找工作的时候，你必须要能够推销自己。每一个招聘经理都经常要面对非常渴望表述求职意愿的应聘者，但是他们不会很好地表达自己。

当只有一小部分员工不需要具备沟通技巧时，这是一个很严重的问题。但无论如何，对于年轻的企业家来说这是一项基本的要求。任何想要赚钱的初创公司都必须能够描述并宣传其理念和业务模式：为了激发潜在投资者的信心并说服他们，要简要地解释所有事情，充满热情，甚至有一点大胆。这是美国人很大的优势。他们的想法并不是最好的，但是他们知道如何比别人更好地推销自己。英国人和荷兰人也是如此。为什么在其他欧洲国家就不能这样呢？

数字世界的教学方法

数字帝国不仅必须彻底改革学校的课程，还要改进新学科的教学方式。视频教学在这里可以扮演非常重要的角色，因为它是数字革命里最卓越的新媒介。它为教师提供了独特的机会，因为尽管有明确的解释，每位教师也并不总能成功地讲解困难的科目。在 YouTube 上你可以找到大量的视频它们以有趣的方式讲解一些复杂的主题，如爱因斯坦的相对论或人工智能。教师上课不利用这些视频就太可惜了。

年轻人已经在利用这种新媒体了。当他们做家庭作业或面对数学公式不知所措时，他们会在 YouTube 上搜索并快速找到问题的答案。根据谷歌首席经济学家哈尔·瓦里安（Hal Varian）的说法，每天有超过 5 亿人次观看 YouTube 教程。目前，我们让年轻人在放学后自己寻找有关视频，这忽略了学校和教师可以发挥重要指导作用的事实。将这些视频整合到课堂中，不仅可以以引人入胜的方式分享知识，而且还有助于让在家中无法联网的学生和那些从未被鼓励在视频平台上浏览的人去寻找有趣的教材。

视频还具有另一个优势：学生可以通过暂停或重播来加深理解或回看困难的段落。通过这种方式，每个人都可以根据自己的节奏学习这门课程。虽然有些学生可能学得快些，但是所有学生都可以通过观看相关的视频更好地理解知识。因此，即使视频尚未提供完全的个性化解释，这也是迈向个性化教育的第一步。

教职员工、工业方法

游戏是另一种很好的学习形式。谷歌公司员工往往是狂热的游戏玩家，这并非巧合。游戏帮助他们获得了非常具体的技能：他们培养了精湛的运动技能，在游戏中学会了解决问题的方法，学会了互相合作。长期以来，游戏玩家不仅和电脑对战，还在一些大型平台与其他游戏玩家对战。这就是他们在大型国际社区中学习合作的方式，通过这种方式获得的所有技能都与数字经济非常吻合。此外，游戏玩家习惯于获得持续的反馈，因为在游戏过程中，每个动作都会立即触发响应。他们能更快从犯的错误中获取经验。传统教学中关于练习、测验或考试的反馈则经常滞后。

游戏开发者认识到教育性游戏可以为教学做出重大贡献，也开始提供越来越多的此类游戏。在游戏中，孩子可以通过各种与家庭、花园和烹饪工具有关的体验来探索科学世界。[58]学校和教师已经准备好接受数字化学习方法，即使我们在很多情况下还远远没有结构化地使用这些学习方法。但是，我们应该让我们的教育系统支持开放的、有反馈的文化。这将加快学生的学习并加强他们的参与性。

教师成为教练

让我们再次明确一件事情：新的数字化学习方法不会弱化教师的地位。相反，所有这些学习方法都是强大的工具，能够让教师扮演不同的角色。教授或专家通过让所有的学生做完全相同的练习来将他们的知识传授给整个班级。并期望他们每个人在年底都有相同的反应，这样的时代已经结束了。这种方法只有在全民仍然需要学习阅读和写作的时候才有意义。这是为数百万人在相对较短的时间内提供基础教育的理想方式。这种方法单有成效，因为第一世界国家的文盲几乎消失了。但与此同时，这种教学方法已经变得过时，在数字时代肯定无法继续使用。

游戏和视频能够让年轻人都按照自己的节奏处理信息，这深刻地改变了教师的功能。现在，教师无需讲授理论，而是可以让学生独立操作。高等教育也是如此。正如布鲁塞尔自由大学（VUB）社会学家伊尼亚斯·格洛里厄（Ignace Glorieux）所说："我们今天的教学方式并不适应我们的时代。我们

如果你以爬树的本领来评判一条鱼，那么它一生都会被认为是蠢货。

在成千上万的学生面前站两三个小时，或多或少引人注目。与此同时，互联网上播放主题精彩的视频，而这些主题有时跟统计回归一样无聊。相反，教师应该成为一个主持人，教学生收集周围的所有信息，并把它们整合成一篇连贯的，可以讨论或发表的文章。我们需要客座教授，他们精心安排积极的、有参与性的小组讨论以激励学生。未来世界的可用资源已经很多，如互联网、平板电脑和 YouTube。"[59]

因此，数字化为教授或专家的转型提供了前景。以前他们只是传输知识，现在转变为鼓舞人心的教练，能够让学生充满

对学习的渴望，并且激发学生潜在的天赋。这样，年轻人可以发现自己喜欢做什么，擅长什么科目。

这与工业时代的教育体系相去甚远，当时的一个在数学方面有很高天分的学生，可能因为语言方面薄弱而复读或者转到其他方向。正如阿尔伯特·爱因斯坦所说："每个人都是天才。"但是，如果你以爬树的本领来评判一条鱼，那么它一生都会被认为是蠢货。然而，这正是现在的教育所经常做的，部分原因在于它的设置方式。学校必须转变为人才平台，以帮助年轻人发现他们的才能，以便将来充分利用这些才能。如果给予年轻人机会专注于他们最擅长的事情，同时有最低限度的其他基本技能，他们就会走得更远。他们将带着青春活力去学校，每天都尽力而为地学习。这就是商业世界和社会所需要的。我们不需要只有相同平均知识水平的年轻人，我们正在寻找具有特殊才能、充满激情且掌握最低限度的基本技能的人。例如，学习英语至关重要，特别是如果你想在国际公司工作或进行科学研究的话。但这并不一定意味着你要知道关于莎士比亚的一切。

不幸的是，这种教学理念仍然遇到太多阻力。即使我们可能希望这种趋势会逐渐自动逆转，但进展太慢了。许多人仍然认为年轻人需要在每个科目中取得好成绩。如果他们没有做到，通常被认为是由于懒惰。这源于我们对成功的想像：我们只有在学校里认真读书并且愿意吃苦，才能在生活中取得成功。好像一条刻苦追求的教育道路总是有助于取得成功，但是教育一直在试图把鱼往树上赶。批评者认为，一种教育方法只关注天赋会太过温和，但事实并非如此。如果一个学生有数学天赋，就有必要在这个科目上让他或她更上一层楼。那些具有英语等语言天赋的人应该把目光放在远高于标准英语的地方，并投入莎士比亚的文学世界。个性化教学是关键。技术为我们提供了工具，但如果没有有创见的教师充当教练，技术将无法发挥作用。因此，教学行业需要重新评估，以重新获得赞赏。大约 50 年前，学校教师是镇上的重要人物之一，他们拥有与医生和牧师相同的地位。今天不再像以前那样干扰增加——这是一个错误，因为教师对年轻人的未来生活有重大影响。尽管行政干扰增加，年轻人失去动力以及父母偶尔干涉，还是有很多人出于热情而做教师。我们有兴趣让最有才华的人选择教师职业，同时确保他们能够在最佳条件下发挥他们的专业性，发挥他们作为教练的角色。

在安特卫普州圣阿曼德市的 LAB 学校证明这是可能的。这所中学于 2017 年 9 月成立。它由一些家长和教育专家创立，他们希望为当前的教学体系提供替代解决方案。理论知识、个人体会和经验分享可以用来实现 LAB 学校制定的目标。虽然它没有得到任何组织网络的支持，但却得到了政府的认可和补贴。就像其他公认的学校一样，LAB 学校必须遵守教育目标和其他能力基础。这就是它遵循了一整套不同原则的原因。"科技革命不断发展，并且有越来越多的知识。今天我们也不太可能离开学校后就停止学习。因此，我们最好接受中学教育，它使我们想要去学习新知识，并且保持训练。LAB 是这样一所学校，在那里我们知道为什么学习，或者发现我们是谁，或者学会管理挫折和沮丧，并且可以找到动力。它也是一个充满热情的教师团队——一群选择人迹罕至之路的教师，其目标在于使学生发现自己心中的渴望。"这是这所学校的使命。[60]

如果教师一周都是全日制出勤的话，他们就不会只出现在一个班级里。事实上，学校选择共同教学和独立学习相结合的方式，废除了 50 分钟一课时，每门学科单独分开上课的教学计划。"这种类型的学习可以让你建立桥梁。我们将主题彼此连接：语言课程是在处理科学文本的同时进行语法教学的理想选择。这是一石二鸟的选择，并为其他事情腾出时间。我们希望将这段时间投入到艺术和创作、体育或研究项目等活动中。将有效注意放在 STEM 课程上也成为可能。"教育科学家和新学校的联合主任克里斯汀·布鲁格曼（Kristien Bruggeman）解释道。这个新颖的举措什么时候才能广泛传播呢？

数字大学

数字化不仅改变了教学的内容和方法，还保证了教育的普及性。非营利组织"出发"（Take Off）的目标是借助电脑让生病的学生与他们的班级保持联系。只需一键操作，孩子们就可以和自己的班级保持联系。这个非营利组织于 2006 年创建，由三个前 IBM 员工担任志愿者。今天，这个团队有了十几个成员，包括不同技能水平和年龄段的志愿者和专业人员。从 2006 年到 2015 年，400 多名儿童、14 家医院和 30 所学校从"出发"中受益。

借助于慕课（MOOC），互联网教学也在大学中占有一席之地。这些在线课程面向世界各地的学生开放。除了会议视频等传统教学材料外，慕课还提供互动论坛，供学生、教师和助教开展讨论。慕课在 2006 年第一次亮相，但从 2011 年开始有了真正突破，当时美国名校斯坦福大学组织了关于人工智能的慕课。在传统的课程形式中，参加的学生最多不过几十名。但由于慕课，超过 160000 名学生已经注册了课程。不久之后，斯坦福大学就宣布另外两门 MOOC 课程之后，每门课的注册人数达到了 100000 人注册的里程碑。这是一场大规模的教育，可能史无前例。这所大学最初非常不愿意将哪怕一门课程向全世界开放。为什么要在其他学生需要花费数万美元才能进入大学的情况下免费提供课程？但得益于该项目创始人的坚持不懈，斯坦福大学的教授终于面向全球授课，大学也得到了价值的广告宣传。斯坦福大学不但没有失去一个学生，还找到了一个全新的受众群体。这完美地说明大学不会因为数字革命而消失，反而能被要求发挥更广泛的作用，而不仅仅是知识的传播。"在不久的将来，在任何地点、任何时间提供课程和学习将成为可能，但校园也同样重要。我们其实是沉浸在某种文化中。因此，这些实际的场所还是会发挥作用的。"布鲁塞尔自由大学教育学教授朱畅（Chang Zhu）这样说道。[61]

继续教育

在完成教育之后再也不用学习，这种看法是不切实际的。继续接受教育直到退休，这是数字世界的新标准。以前，当人们完成学业后，他们会收到一张漂亮的文凭，上面盖有郑重的印章，他们的整个职业生涯都会建立在那张文凭上。"对于你的孩子来说，这种教育模式将不再起作用。在一个不断变化的世界中，事物会以出乎意料的方式发展。变化周期将会变得越来越短，没有谁的职业可以持续超过 30 年。这就是我们的教学必须面向持续培训的原因。你必须一直接受再培训。因优步应用而失去工作的出租车司机必须意识到，他仍然完全有可能获得美国大学的学位。"硅谷的教育机构奇点大学的 CEO 罗布·纳依（Rob Nail）这么说道。[62] 在未来，我们将继续成为不断进行自我培训的一员。不但如此，如果许多专家不继续定期培训，他们将失去执照。大学和高中正在发展成为继续教育中心，颁发证书而不是文凭。

这种教育模式意味着很多责任都将由我们每个人独自承担。轻易地将下岗归咎于数字革命，然后抱怨没有另一份适合的工作，这种心态使工人成为重组博弈中的棋子。你必须为自己的未来负责。典型的反驳观点是，并不是每个人都有足够的能力从事数字职业，并且这种再教育并不总是可行的。这里的问题是，再培训会引起很大的恐慌。没有理由让一辈子都在汽车制造场工作的人永远留在汽车行业。再教育不一定涉及重新定位同一部门内的其他职能。为什么有园艺才能的脑力工作者不能被再培训成园艺工作者呢？为什么厌倦工作的上班族不能成为木匠呢？经理又为什么不转成老师呢？总之，继续教育可以为开启更加数字化的职业生涯提供一个理想的机会。在数字帝国中的终身学习和再教育，不仅增加了个人在就业市场上的机会，也给了人们生活的方向。

第七章　顾客不是国王，而是皇帝

我们如何重塑商业？

几年前，在参加数字化转型研讨会的休息时间，我有机会与一家大型银行的 CEO 交谈。我们在咖啡机旁讨论公司中的"咖啡休息文化"。我们谈论花时间与同事一起品尝一杯好咖啡的重要性，也同意这种聚会闲谈会比正式会议产生更好的想法。谈论了一会儿，他得出结论："我们为员工提供了非常劣质的咖啡，接着又为他们没有动力工作而感到惊讶。"他一开始没有这个想法，因为管理层有一台很好的昂贵浓缩咖啡机，而其他员工没有。几天后，他决定在公司中安装更多有吸引力的的咖啡角。这是新方法和新商业文化的开始。公司需要去面对数字化时代。在知识经济时代，除非公司将员工视为最宝贵的资本，否则公司没有足够的能力面对未来。

这种文化的转变是必要的，因为我们这些数字帝国的消费者变得比以往任何时候都要求更高，而技术使其成为可能。我们不再想在商店柜台前排队了，相反，我们想要与销售人员交谈，他们甚至在我们张嘴之前就了解我们的需求。我们希望公司能够预测什么时候客户的机器将会出现故障，数字技术使这一切成为可能。有史以来第一次，顾客占据了真正的中心位置。

"顾客是国王"的说法——工业时代的空洞口号——可能会被遗忘。从今往后，金科玉律就是"顾客就是皇帝"。这是因为，现在顾客可以轻松地从一个店铺换到另一个店铺，看看不同的店能提供什么。"在数字世界中，不再有限制，并且顾客今天可以选择数字提供商提供的最好的数字化服务。顾客的期望没有变少。"《赢家经济》的作者经济学家科恩·德列乌斯表示。[63]没有公司能逃脱这个规则。我们想要个性化、无缝和快捷的服务。从大型银行到通讯公司，再到屠夫和当地的药剂师，对他们来说，今天所有人都必须考虑如何改善他们的服务。

全世界都是代表

在数字帝国，权力掌握在消费者手中。技术不仅可以满足消费者最疯狂的需求，也可以让他们更好地了解情况。互联网让产品及其价格可以轻松地被比较。此外，更多的社交网络为消费者提供了表达自己的机会，人们会迅速地向全世界分享他们关于产品或公司的不良体验。在工业时代，这是不可想象的。那个年代，客户满意度是许多公司次要考虑因素，这些公司专注于大规模生产，目的是在生产线上生产最大数量的标准产品，然后尽可能快地销售给最大数量的客户。汽车行业就是一个很好的例子。在过去，制造商更专注于以尽可能低的成果销售尽可能多的汽车，而不是思考客户想要什么。最著名的例子是亨利·福特的格言——"只要汽车颜色是黑色的，客户就可以将汽车涂成任何颜色。"

福特 T 型号的生产组装线

但今天的消费者期望更多，某些品牌已经捕捉到了这个信息。例如，如果你现在购买 MINI 汽车，你可以有几乎无限的选择范围。车主拥有非常先进的配置工具，可以让他们完全个性化地设置他们的汽车。如今，生产过程的数字化使得以标准产品的价格完成这项工作成为可能。这说明了数字化经济的原理是如何成功地渗透到大多数传统行业的核心的。

成功的数字业务从一开始就关注用户或终端客户的愿望。在这个层面上，苹果的创始人史蒂夫·乔布斯对产品的痴迷具有传奇色彩。正如史蒂夫·乔布斯去世后，2011 年 10 月号《经济学人》杂志中提到的："乔布斯先生的不同之处在于他不是工程师——这是他的强大优势。实际上，他痴迷于产品设计和美学，致力于使先进技术简单易用。他反复提出一个已经存在但尚不成熟的想法——鼠标驱动的电脑、数字音乐播放器、智能手机、平板电脑——并向业界其他人展示了如何正确地做到这一点。竞争对手争先恐后地追随他引领的潮流。在这个过程中他引发了计算机、音乐、电信和新闻业的巨变，这对当时的公司来说是痛苦的，但是受到了数百万客户的欢迎。"[64] 客户体验是至关重要的，无可阻挡。如果事实证明，大量客户有规则地点击了错误的图标或按了错误的键盘按键，那么，这不是因为用户笨（传统行业的公司无疑会这么想），而是因为应用程序不是用户友好型的，并且需要改进。谷歌公司也采取相同的原则：当用户输入错误时，搜索引擎必须识别出目标词并建议正确的拼写。如果用户不认识网站的语言，浏览器必须能够将网页翻译成另一种语言。对用户和客户来说，这是一个微妙但重要的变化。

正是这种方法准确地解释了酷蓝（Coolblue）——一家荷兰的在线业务公司的成功，这家公司已经成为荷兰和比利时最受欢迎的网上商店之一。要实现这一目标，你需要的不仅仅是客户服务友好的员工。任何从酷蓝购买洗衣机的人都知道旧机器会被它们回收，然后安装新的洗衣机，这为许多买家消除了困扰。该公司检查了新笔记本电脑买家所期望的配置，然后要求制造商提供精确配置的电脑。而这一战略在 2016 年得到了回报——营业额增长了 55％，达到 8.57 亿欧元。[65]"顾客是国王。听起来很简单，但实际上这意味着客户服务必须从清晨到深夜一直开通，今天订购的产品将在第二天送达，有时也会在当天送达。……要想成为一家好的网上商店，仅仅在一个领域取得成功是不够的。你必须在任何方面都很出色。……当客户打来电话时，你获得-1～0 分，因为有可能你的服务的某些方面不符合他的期望。所以你必须借助幽默风趣或者商业礼节，尽一切可能将他的问题转变为积极的体验。"酷蓝的 CEO 兼创始人彼得·扎瓦特（Peter Zwart）这样说道[66]，他完全沉迷于净推荐值（NPS）。NPS 是一个客户满意度指标，某种程度上反映了客户向他们的朋友和同事推荐你的业务的程度。分数可以从-100 到+100 分之间变化。正的 NPS 被认为是好的，50 分以上被认为是优秀的。[67]酷蓝 2016 年的 NPS 是 67 分。在线业务不仅关注客户满意度，还希望让每个人都成为公司的真正代表。

一个有使命感的公司

对于公司而言，以客户为中心是获取利润的新方式。在数字世界中，出发点不是利润，而是客户。公司的目标仅仅是为了利润最大化，这样迟早会做出危害客户的决定。从长远来看，它们付出了代价。试图不惜一切代价降低成本以保持利润，通常会导致创新能力下降或服务质量下降。成功的公司，其使命超越了简单的盈利性。例如，谷歌的使命是整理全球所有可用的信息，让所有人都能普遍获得和使用。苹果公司的第一使命是"通过为推动人类发展的思想开发工具，为世界做出贡献"。酷蓝公司的使命是确保消费者"对购买的东西感到高兴"。

公司真诚地相信自己的使命，并根据这一使命做出每一个决定，这会改变其 DNA。将主要目标从为股东创造盈利能力或价值，转变为创新产品的开发、新服务的设计或用户友好的优化，这正是可以使你的公司与竞争对手产生差异的原因。例如，以客户为中心可能是成功的最好方法，甚至是获得更大利益的最好方法。这就解释了为什么许多互联网公司开始免费提供产品或服务。这让它们不仅迅速地占领市场的重要份额，同时也会收到更多有关其产品和服务的反馈。然后，工程师可以通过提供更好的产品来完成必要的改进，从而赢得更多客户或用户。只有当这一切都到位时，付费产品或服务才能随后开发，使公司获得收益。由于这个秘诀，脸书和谷歌已经成为可以产生数十亿美元利润的公司。

我认为不是每个有明确使命的公司都会成为国际巨头。但另一方面，一项明确的使命可以为公司带来新的动力并让公司回到正轨。我们已经在比利时看到了这种转变。在 2011 年银行业危机时期，比弗斯银行（Belfius）是一家传统银行。与金融领域的所有其他参与者一样，这家银行（当时叫作德克夏，

Dexia）专注于利润率和为其股东创造价值。股票价格比顾客的满意率更重要，而对利润的追求最终呈现出病态的一面。德克夏银行最终被银行业危机压倒并且破产。它彻底瓦解，健康的部门被重新命名为比弗斯。在新 CEO 马克·莱斯尔（Marc Raisiere）的带领下，这家银行彻底改革。它的使命被重新定义，放弃其作为利润机器的角色，转变成对比利时经济进行融资的重要纽带，在任何经济健康发展的时期，银行起着至关重要的作用，利用家庭储蓄盈余能够为年轻的企业家、信誉良好的公司、公共机关和医院提供信贷。此外，优先考虑客户满意度已成为比弗斯银行复苏的支柱之一。该银行已经开展了一项重大的广告活动，不仅向客户，而且向员工和承包商说明，客户是其主要关注点。结果显示：客户满意度已经增加（根据银行公布的数据，95％的客户感到满意）[68]，净利润也增加了（2016 年达到了 5.35 亿欧元）。比弗斯银行的员工重新找回了他们的自尊。

快乐的员工

目前，公司的社会使命仍然比创新更重要：如果公司的员工是充满激情的个体，他们理解公司的目标和使命，那么创新将随之而来。这预示着公司文化与公司使命之间的完美匹配。如果员工在不舒服的环境中工作，并使用过时的设备和劣质咖啡机器，那么他们就达不到客户高度满意的目标。这种工作环境不会激励员工，即使他们必须确保客户持续满意。随着我们迈向知识型经济，尤其是到今天，员工将是企业的主要资本。因此，公司必须细心呵护和全力培养人力资本。他们中的许多人正在忙于重组，以成为未来的见证者——换言之，有能力应对未来——因为他们现在理解应对能力的必要性。但他们都还没有明白，他们的未来不会仅仅取决于产品和服务，还取决于他们使公司文化与新时代同步发展的能力。

Proximus 是比利时的一家主要电信供应商，是说明发展健康的公司文化重要性的一个很好的例子。由于电信市场饱和，Proximus 的营业额逐年下降。前任 CEO 迪迪埃·贝伦斯（Didier Bellens）认为，他可以通过削减成本以及使投资少于其他电信公司来找到解决方案，以便为比利时国家提供稳定的红利。现任 CEO 多米尼克·勒鲁瓦（Dominique Leroy）自从接替职务就以来面临重大的挑战。她明确表示，认为

随着我们迈向知识型经济，尤其是到今天，员工将是企业的主要资本。

Proximus 无法进一步发展这种想法是荒谬的。她进行了彻底重整，并将增长重新列入公司项目清单上。她的举措受到了赞扬。"与贝伦斯不同，勒鲁瓦背后有 13000 名员工的支持。由于流畅和开放的沟通，她终止了贝兰的恐怖统治。她确保所有员工都有一个共同的目标：使 Proximus 成为一家更具灵活性和创造力的公司。这些变化帮助 Proximus 在 2014 年首次实现——这是多年亏损以来的第一次——营业额和利润增长，并且提前两年

完成计划"，正如 2017 年弗拉芒语日报《时间》（*De Tijd*）报道的那样。[69]这表明了我们数字世界中一个鼓舞人心的项目的重要性。CEO 们可以实现伟大的成就，只要他们是员工的灵感来源。

如果我们希望员工对公司的使命充满热情，开放性是第一个重要的成功因素。管理人员必须平易近人并与所有员工分享公司的问题。当员工在办公室呆 8 个小时或更长时间时，他们至少有权知道自己在做什么，为什么要这样做，以及为谁做。

第二个成功因素是灵活性。在工业时代，工人受到非常严格的管理，以确保顺利完成给予他们的任务。这就解释了为什么公司安装时钟：根据工业时代的逻辑，每个人都必须同时开始和结束工作，即使我们知道不是每个人都在同一时间处于最佳状态（有"早起鸟"也有"夜猫子"），强制的工作时间表并不总是与私人生活的需求一致（对于那些不得不每天拼命准时上班或者面对交通堵塞的人来说，没有什么比严格的时间表更令人沮丧）。根据时钟原则，出现在公司要比完成工作的质量更重要。公司在数字时代仍然需要管理人员，但他们将不再只是实现纯粹的控制功能。信任取代了控制。优秀的经理对员工负责，并确保他们能够开展工作，如同教练那样。他们不再强加做事的方法，而是确保每个人都能接触到正确的人、正确的机会和必要的资源。没有优秀的经理人，事情就行不通。这是谷歌公司在 2000 年犯的一个错误，当时谷歌压制了所有管理人员

的功能并消除了公司内部的所有公司层级结构。几周后，这项
实验因引起混乱而被终止了。

第三个成功的因素是多样性和包容性。工业时代的公司通
常是以男性为中心的，很少有女性能接近最高管理层。2016 年，
350 家最大的欧洲公司中只有 14 家公司的 CEO 是女性。[70] 然而，
多样性提高了成功率。谷歌公司通过组建 3 个非常不同的小组
并给予它们相同的任务来测试这一点。第一组仅包括年龄和教
育程度相同的男性，第二组由同样资质的女性组成，而第三组
由同等数量的不同年龄和文化背景的男性和女性组成。结果如
何？由同类成员组成的小组完成任务更快，并且很快找到了解
决方案。这并不奇怪。该小组的所有成员都很快达成共识，因
为他们共享相同的规则和价值观。在异类组中事情变得更加困
难，讨论的要求更强烈。但最终，这个小组的解决方案被证明
是更好的解决方案。那些拥有相同观点的人很快就会认为他们
得出了正确的解决方案，而不会考虑其他可能性。这就是为什
么他们只会倾听其中一些客户的意见，即那些世界观最符合他
们的参考框架和价值观的客户。一家公司的客户其实并不那么
同类，包括不同种类、年龄、文化和宗教信仰的人。如果企业
在做出重要决策时忽视这些差异，错误就不可避免。丰富人力
资本和鼓励开放文化的发展对大公司和传统公司来说都是一项
重大挑战，对初创企业和时尚科技公司来说也是如此。即使后
者有时也难以实现数字经济的这一基本原则。创新的优步平台

改变了数百万人的交通方式，但与此同时，它让一种明显的大男子主义文化在其队伍中发展，导致了一系列丑闻和员工的不满，最后导致优质人才的流失。亚马逊公司从根本上改变了我们购物的方式，成为了一个真正的巨头公司。事实上，由于其公司文化严谨，仓库工作条件艰苦，亚马逊公司的这种状况经常成为头条新闻。这表明，在这个领域，即使是数字业务仍有很长的路要走。

失败的权力

达尔文定律也适用于企业：不是最大的公司能够生存，而是那些具有最强适应能力的企业才能存活。这就是为什么有必要给员工足够的操作空间进行实验，并允许他们失败。两者是不可分割的。如果有些人永远不会失败，那可能是因为他们尝试得还不够多。许多欧洲公司为了生存将不得不学习如何改变这种心态。我们常常花两年时间考虑一个新的应用程序，预测所有可能的问题，再花两年时间来开发项目，为了我们最终推出一个具有超越性的产品。在新技术以惊人的速度相互追逐的时代，我们不能让自己享受这种奢侈。只有通过试验，创造力才能蓬勃发展，最终带来更好的产品开发。快速地启动产品或服务，对用户的反馈保持警惕，并及时完成必要的更正，这是更好的做法。并非所有项目，也不是所有谷歌项目都将能获得全球性的成功。最著名的例子是谷歌眼镜——一款眼镜形状的便携式电脑，现在已从消费市场上消失，尽管如今它正在经历专业应用的复兴，特别是在物流和医疗保健领域。

不过，从长远来看，失败会产生积极的影响。以前失败的经历往往会成为一个新项目的成功因素。在智能手机出现之前，谷歌在美国推出了一项服务，用户可以拨打电话获取在线查询的结果。这一开始是个失败。然而，谷歌保留了一个大型音频数据库，其中包含不同美国人口音的关键词。今天，这些数据构成了语音搜索的基础，这是一种使用语音命令执行谷歌搜索的方法。

吊诡的是，创造力是受限制所激发的。大型公司仍然认为，当数十名甚至数百名工程师一起思考时，最好的创新就会出现。这会产生头重脚轻的结构，且成本极高，并且很少能够开发出更好的产品。事实上，员工只有在必须面对约束的小团队中才能真正激发他们的创造力。在谷歌，开发团队的手段非常有限，那样会迫使他们提出创造性的解决方案。谷歌的电子邮件服务——这项服务拥有 10 亿以上用户——是由一名工程师开发的，这绝非巧合。2001 年，保罗·布赫海特（Paul Buchheit）重新利用了旧项目中的代码，开发了第一个版本的谷歌邮箱（Gmail）。他用了差不多一天时间把代码拼在一起。在接下来的几个月和几年里，他都致力于优化程序。谷歌员工很快就将谷歌邮箱用于内部邮件，但谷歌直到 2004 年才向公众提供他们的网络邮件。在当时，只有十几人仍在维护该项目。[71]

安卓（Android）也是如此，这是谷歌在 2007 年推出的移动操作系统。在谷歌，只有 9 人参与了该项目。他们与诺基亚竞争，后者是当时的移动通信领域的世界第一。在当时，超过三分之一的手机是诺基亚。在这家芬兰公司里，有数百名工程师参与了诺基亚自己的操作系统塞班（Symbian）项目。小型谷歌团队发布了基于开源软件的创意解决方案。所有人都可以免费访问此源代码，从而可以快速完成项目。谷歌的方案效果更好且方便用户使用。尽管如此，诺基亚坚持自己的封闭式操作系统。当谷歌发布相对便宜的安卓设备时，塞班最终彻底地从手机行业版图上消失了。诺基亚失去了手机行业的领导地位，并在 2014 年被微软收购。

小是新的大

有限的资源激发了创造力，这对初创企业和小企业来说是个好消息。成为一名企业家从未如此简单。以前，为了开展业务，你必须首先花数千欧元买计算机和服务器。如今，一台笔记本电脑的成本只有几百欧元，云计算可以为你提供几乎无限量的存储容量和令人难以置信的运算能力。数字化将我们带入一个新世界。在这个世界里，拥有微薄资本的年轻企业家能立即与现有的巨头竞争。创业公司拥有它们的前辈几乎不敢想象的机会。它们已经相当灵活，并可以全速启动项目。它们仍然缺乏资金和消费者，但有很奇特的想法。它们经常发现自己处于困境中，但却有一种令人难以置信的生存本能将他们推向极致。拥有少数员工的年轻公司越来越频繁地超越大公司，这并非巧合。

成为一名企业家从未如此简单。　许多大型的、成熟的公司往往很难采用与初创公司相同的灵活性。这是因为它们多年来一直依赖相同的产品来确保其盈利能力，并且从未感受到创新的必要性。它们建立了庞大的组织结构，唯一的目标是以更低的成本生产同样的东西。因此，它们很容易忽视正在发生的变化，并认为它们的运营模式仍然可靠。

这就是为什么汽车制造商现在正处于十字路口，因为多年来他们只关注其所在领域的竞争对手，并完全忽视谷歌和优步等数字公司在自动驾驶汽车发展方面展开的活动。他们也对特斯拉感到惊讶：特斯拉从零开始生产电动汽车，彻底改变了整个市场。最终，传统制造商不得不承认，它们在技术领域被自己完全忽视的参与者超越了。

有很多方法可以追赶。为了不错过最新的技术发展，大公司越来越多地试图与其他公司和创业公司在庞大的生态系统中进行整合。它们修改了公司的组织框架，简化了层次结构，并创建了独立授权的实体公司去做不受限制的试验。有时他们会与客户合作，以便提出他们尚未想象到的解决方案，或者他们认为无法靠自己实现的解决方案。最后，我们回到了同样的原则：使用小型企业的模式维持一家大公司的运转——这并不总是那么简单。还记得柯达吗？这家美国公司曾经是摄影业的世界第一。1888 年，柯达开发出第一卷可在日光下使用的胶卷，并且推出了第一台相机。许多创新使柯达在美国业余摄影市场上独占鳌头。事实上，柯达做过错误的战略决策，但长期以来仍然能够保持其统治地位。"1975 年，柯达发明了第一台数码相机，但由于担心会失去模拟摄影市场的一些巨额利润，因此决定不继续开发。柯达在 20 世纪 90 年代犯了同样的错误。尽管在摄影技术、移动电话和其他数字设备的研发方面投入了数十亿美元，该公司但仍然担心其模拟摄影部门的利润会受损失，从而将这一领域留给佳能和索尼等竞争对手。"2012 年濒临破产的柯达公司在美国提交了第 11 章程的破产保护申请后，荷兰日报《新鹿特丹商业报》（NRC Handelsblad）对此事件进行了报道。[72]

科技公司苹果在柯达绊倒的地方取得了成功。它在关键时刻加入科技竞赛，向不同方向系统地发展。该公司自 1976 年以来运营至今。起初，它只是一家计算机制造商，用其著名的麦金塔（Macintosh）系统征服世界。2001 年，苹果公司推出了 iPod 音乐播放器，彻底改变了音乐行业。2007 年，它推出了 iPhone 手机，真正标志着智能手机的突破，这一设备现在已成为我们日常生活中不可或缺的一部分。事实上，苹果并不是市场上第一个推出电脑、MP3 播放器或智能手机的公司。然而，这家美国科技公司一直成功地将这些新产品转化为商业上的成功。

此外，人们有一个先入为主的想法：只有科技公司才能开辟新的道路。索尔维（Solvay）化学公司自 1863 年以来一直存在，并且在 150 多年的历程中已经多次彻底重塑自己。其创始人埃内斯特·索尔维（Ernest Solvay）当时构想了一种制造碳酸钠的新工艺。但从那时起，他的公司就变成了一个专门从事化学和航空航天工业复合材料生产的团队。另一个例子是优美科（Umicore）。该公司成立于 1906 年，当时的名字叫 Union Miniere。这家公司集团几十年来一直控制着刚果原材料的开采。如今，它已成为一家高科技材料公司，专门从事贵金属回收和电动汽车专用的可充电电池材料的生产。这两家出类拔萃的公司都是各自领域的世界领先者，各自拥有的市值都超过 100 亿欧元，这证明了百年以上的公司也有未来，只要它们能够重塑自我。

第八章　收银台不再有排队

我们如何重塑购物？

在数字帝国，你的"本地"商店位于中国或阿姆斯特丹。只需点击几下，你就能以极低的价格获得几乎无限品种的产品。你在网上购买大部分商品，去商店只是为了比较产品并获得建议；数字媒体已成为你购买决策中最重要的因素。当然，你仍然可以在实体店购物，但儿童的尿布和饮料可以通过智能设备自动订购，并在第二天送到你家里。你会毫不犹豫地订购五双运动鞋，即使你只打算保留其中一双。为什么？因为这是可行的。在数字帝国购物的体验不再是幻想；我们已经快要实现了。近年来，数字革命已经深刻地改变了我们的购买习惯。我们不再满足于平庸或冷漠的服务，得益于我们的电脑和智能手机，我们有其他解决方案。因此，商店也必须重塑自己。

在未来，我们只有在觉得值得去的时候才会去商店。在数字帝国，我们有权取其精华（*crème de la crème*）。

商业的诱人时期

电子商务并不是件新鲜事。自 20 世纪 90 年代中期以来，我们已经能够通过互联网购物了。一开始，网上只有书籍、CD 或音乐会门票等一些小物件，仍然非常有限。那样的时代已经结束了。今天，网上购物是我们日常生活中不可或缺的一部分。知名品牌和商店再也无法不去开设自己的网店。对于某些特定的商品，消费者可以随时去商店获取更多信息，以便他们随后可以在具有最优价的商店或网上商店下订单。与之相反的是，我们可以在去商店之前在线上比较价格。当你了解了产品并知道哪个供应商报价最低时，无需离开椅子，即可简单地在线上订购。这种电子商务（或互联网经济）导致的结果是，现在路上全是运输公司给客户运送快递的货车。

电子商务的历史是对最近两次工业革命与我们今天所认识的数字化转型之间突破的一个漂亮隐喻。直到 20 世纪 50 年代中期，我们还只会在当地的杂货店购物。人们无法想象比这更真实的情况：杂货商知道你的偏好，购买体验是个性化且愉快的。但由于店面的体积小，这些商店的价格会相当昂贵且可供选择的商品有限。在新产品入库前，顾客必须等待很长时间。工业化不仅创造了组装生产线，而且在像大型超市这种大空间的商场，客户可以自助服务并在收银台进行结账。大型超市是第一次世界大战期间在美国成立的。零售业随后采用了工业概念：大空间，低价格，选择范围广。从另一面来看，这种大型超市存在缺乏个性化服务、用户友好性和个性化建议的问题。

数字化提供了两全其美的优势：杂货店的个人服务与大型超市丰富的产品、低廉的价格相结合。所有这些元素以更大规模和超快速的交付方式出现在网上商店。由于客户数据的计算机化，网上商店能够识别我们。每一个访问亚马逊在线商店的客户看到的都是不同的主页。对于访问在线书店的客户来说，书籍会出现在屏幕上的第一位，而经常购买体育用品的人则会看到相关产品的主页。在线商店可以根据每个客户的购买行为以私人定制的方式响应他们的需求——例如，基于他们最常购买的产品或经常点击的产品。在线商店与人工智能的结合为个性化推荐打开了大门。

组织良好的在线商店能够立即"辨别"他们的客户。如果你第二次访问某个网站，该网站则会立即以你的母语连接和呈现。商店有你的地址和付款偏好。它实用、简单、个性化，但并不止于此：由于人工智能，超市的网上商店还可以分析你的个人偏好。网上商店会立即知道

> 数字化提供了两全其美的优势：杂货店的个人服务与大型超市丰富的产品、低廉的价格相结合。

你最喜欢吃的蔬菜是哪些，你不喜欢吃鱼，或者你对牛奶过敏。根据这些信息，超市可以每周为你提供个性化的菜单。实际上，这种方法与社会性接触不同，即使你回想近些年来的情况，许多连锁店的社会性接触也在不断地减少。

电子商务已经开始呈现钟摆式发展。对于需要很少或根本不需要社会性接触的购物，我们的购买频率减少了，但与此同时，我们需要更多的商店来进行人工联系和建议。这种类型的商店将比那些只有大型空间但没有人情味的商店更能够在数字化转型中生存下来。

对于传统商店而言，门槛现在已设置得非常高，因为成功的网上商店完全迷恋于如何让你的生活变得更轻松这样的需求。无论什么应用程序，起点始终是为用户提供最佳体验。这些网上商店对搜索每个图标的最佳位置产生了一种痴迷，并且对找到合适产品和支付方式之间的所有中间步骤进行了优化。但是并非所有网站都具有同等质量水平。我仍然经常遇到一些网上商店，其中包含无穷无尽的、复杂的产品清单。它们是在劝阻，而不是激励他们购买。亚马逊、扎兰多（Zalando）、独家销售（Sale-Exclusive）或迪卡侬（Decathlon）等最受欢迎的网上商店有完美的在线体验，这绝非巧合。

除了方便之外，速度是电子商务的另一个重要支柱。我们已经习惯了这样的想法：今天下单购物，第二天在家里收到我们买的产品。周末也能收到快递，这在之前都是不可想象的。我们被宠坏了。更好的是：作为消费者，我们已经重新获得了权力。二十年前，我们别无选择，不得不前往唯一可到达的商店，如果产品不能立即获取，则不得不接受供应商设定的交货期限。今天，我们有可能在第二天就收到同样的产品，并在网上从提供最好的产品和服务的商店中选择该产品。

在数字世界中，速度不仅限于交货时间，它也适用于网站。我们希望移动设备上的网站能在不到一秒的时间内打开。谷歌通过测量发现，在等待超过 3 秒后，访客的心率急剧增加。许多商店低估了这一机制。根据谷歌的一项研究，移动网站平均在 22 秒内打开。这看起来像一段漫长的时间，特别是如果我们知道 53％的访客在等待 3 秒后离开了这些网站。[73]消费者已经习惯于在现实世界和数字世界中得到快速服务。他们仍然会花时间选择产品，但对技术原因导致的速度变慢却无法忍受。

另一个主要挑战是找到技术提供的可能性和保护私人数据之间适当的平衡点。在线商店只有拥有了一定数量的访客数据才能提高用户友好性。首选项、喜爱产品列表、购买历史记录，甚至地理位置——所有这些数据对于优化访客体验非常有用。如果一个用户拒绝让网站记录增进服务数据，将无法从同样的个性化方法中受益，用户也将始终无法访问所有服务。

> 消费者仍然花时间选择产品，但对技术原因导致的速度变慢却无法忍受。

但这是网站必须尊重的合法选择。收集客户数据的公司需要具有良好的声誉和万无一失的可靠性。一旦客户认为他们的信息被疏忽处理——例如，如果他们在访问提供此类信用查询网站后收到汽车贷款之类的未经请求的电子邮件——这样用户就会失去信心。在数字世界中，这种行为会立即受到惩罚。最后一章会更详细地讨论在我们的数字世界中保护私人生活的问题。

扎兰多效应（The Zalando Effect）

当互联网第一次出现时，众多分析师坚信许多产品永远不会在网上销售。今天，很明显电子商务已经全面成为现实。十年前，在网上买衣服或鞋子是不可想象的。几乎没有人想到在没有预先试用商品的情况下进行购买。但今天，运营商每天都会提供大量的在线订购的衣服或鞋子。这种意外的变化要归功于扎兰多，这是由罗伯特·根茨（Robert Gentz）和大卫·施奈德（David Schneider）于2008年创建的德国网店。根茨和施奈德一开始是在柏林的一个小公寓里在线销售人字拖。他们很快注意到，欧洲几乎没有人在网上卖鞋，而美国网店美捷步（Zappos）在当年已经产生了10亿美元的营业额。这对德国二人组想在欧洲重现这一奇迹。2017年，该公司营业额达到45亿欧元。他们成功的秘诀是什么呢？扎兰多能够说服犹豫不决的消费者进行购物，这要归功于"自由回归"原则。客户购买了产品，可以在家中试穿产品，如果不合适则可以退货。然后，他们会获得退回商品的退款。正是由于这个系统，扎兰多成功说服欧洲人在网上购买衣服和鞋子。没有人认为有可能在网上大规模销售这类产品，直到这家年轻的互联网公司反其道而行之，并迫使传统的服装和鞋类商店在网上提供商品。从那以后，所有主要品牌都有一个储备充足的网店，没有人介意在网上买衣服了。

扎兰多效应影响了所有行业。最初，大多数公司认为它们没必要去操心电子商务——直到这家年轻的公司反其道而行之，从而推动所有行业进入电子商务，并迫使所有传统公司开始实施艰难的行业数字化进程。在旅游业务中，缤客（Booking.com）受到了这股互联网浪潮的影响。电子商务涌现的初始阶段，旅行社无法想象客户有一天会通过互联网预订假期安排。然而，在注意到消费者通过缤客预订酒店后，旅游业成为首批实现数字化的行业之一。我们正在观察食品行业内发生的相同趋势：没有人想到通过网上商店订购新鲜产品，送货上门。但荷兰公司 Takeaway、瑞典的 Lina's Matkasse 和德国 HelloFresh 集团进入市场时，它们的包装产品中包含了美味食物所需的所有成分，也包括了食谱。许多消费者似乎发现这些配方很有趣，并且会在网上订购这些包装产品。

海淘

许多连锁店正在遭受电子商务冲击，许多连锁店已经申请破产。2013 年，销售相机和多媒体设备的比利时连锁店 Photo Hall 不得不关闭业务，未能抵御大型多媒体连锁店的冲击，也未能转向在线业务。一年后，轮到卖了 45 年唱片和 CD 的 Free Record Shop 了。对于 CD 销售的崩溃和音乐产业数字化，这家连锁店没有找到适当的应对措施。2017 年，美国玩具巨头 Toys'R US 的破产引起了不小的轰动。尽管拥有 1600 家门店、64000 名员工，年营业额约为 115 亿美元，但它仍然在面对电子商务的竞争中缴械投降。所有这些公司都有共同的特点——缺乏网站或网店，它们都被（新的）竞争对手打败了。但这些连锁店曾经提供的产品或服务仍然存在；我们从来没有听过这么多音乐或拍过这么多照片。智能手机变成我们日常生活中不可或缺的一部分，我们大多数人都与它们一起成长。已解散的连锁店来不及看到这些变化。它们错过了数字化之船，并失去了市场地位。

这些经历必定迫使所有商店去思考，因为许多连锁店已经耽搁太久才转向在线业务。

欧洲公司应该意识到，将产品销售给 40 亿消费者，潜力巨大，这些消费者离它们的网店只有一键点击的距离。对于中小企业来说也是如此。幸运的是，受惠于互联网，已经有成千上万的企业家开始向海外销售产品。让我感到惊讶的一个例子是

这是自相矛盾的，当客户对线上购物有刚需的时候，许多商家还仍然犹豫不决。

DMLights，一家小型照明公司，位于比利时的海斯特-同-登-贝格。几年前，创始人的儿子向他的父亲提出挑战，要求开办数字化业务。他的父亲从一开始

就没指望会获得成功，但儿子的坚持带来了一项成功的业务，现在已经占整个业务的 70%。多亏了他们的网店，这家公司的规模从 35 名员工扩张到了 100 名员工，其中包括 6 名在中国的员工，以促进他们在阿里巴巴平台上的销售。

对预算有利，对环境不利？

然而，由于大量快递运输人员涌入，电子商务的普及对环境产生了负面影响。现在消费者已经尝到了网上购物所带来的便利，退回原地是不可能的。消费者希望继续在线购买并尽快

收到他们的网购商品。很明显，我们仍然处于转型阶段，电子商务必须经历成长的阵痛，对此我们仍然需要找到解决方案。新技术的使用总是从混乱和低效开始，这可以在后续阶段解决。对于电子商务来说，主要挑战将是优化基础物流系统。电动汽车越来越多地用于包裹投递，这将有助于减少对环境的影响，而改进的运输系统将减少误投的快递数量（被迫第二天重新快递）。新的小型科技公司也在这里提供解决方案。我想到，可以通过无人机或更快的解决方案进行投递，例如通过 Parcify 的自行车快递员进行投递。Parcify 是一家 2015 年成立的快递公司，这家初创公司开发了一个应用程序，通过使用客户智能手机的地理位置而不是固定的地址来组织在线订单的投递。结果是：包裹始终能够投递到客户所在的位置。当你在公园慢跑或在酒吧的露台上享用饮品时，你可能都会看到他们公司的自行车快递员。这种方法对快递公司非常重要。在 2017 年底，Parcify 被 BPost 收购。与此同时，其他快递方式也在涌现。另一个例子，是 2016 年 BPost 与 Bringr 一起创建了一个包裹交付平台，由私人完成递送工作。这得益于其他合作经济案例的启发，如爱彼迎（Airbnb）和优步。有了 Bringr，每个人都可以成为快递员。如果要将包裹从布鲁塞尔运到列日，而你碰巧去了列日，那么你可以负责投递这个包裹并收取费用。我还想到了 Bringme，你可以租用储物柜，存放你订单中的快递物品。今天，有近 750 家公司和建筑大楼配备了智能 Bringme 储物柜，人们可以在这里递送或交换包裹。[74]谷歌正在试验 Wing 项目，这是一种自动快递的无人机服务，旨在增加物品的可获得性，减少城市的交通拥堵，并帮助减轻因货物运输而产生的二氧化碳排放量。在美国，亚马逊刚刚推出了送货入室服务，换句话说，就是将包裹送到你的家中。通过亚马逊密钥（Amazon Key），快递员可以进入您的住所并将包裹存放在门厅。智能锁和摄像头可以全程监控。

谷歌正在实验 Wing，一架快递无人机

用 GPS 购物

电子商务提升了传统商店的门槛。在线精品店真的把我们惯坏了。你可以通过电脑比较价格，获取产品信息，查看视频推荐后下订单，然后所有东西都将在明天送上门。与大众的预期相反，传统商店提供的服务反而不如网上提供的服务更具个性化。如今，商店将不得不提供一些额外的东西来弥补差异——技术可以帮助到他们。例如，宜家（IKEA）的售后服务已经适应了数字化现实。如果你需要更换宜家衣柜铰链，你可以通过他们的网站免费订购。此外，该品牌推出了一款应用程序，可让你选择一张沙发，看看它是否适合你的起居室，这要归功于增强现实技术（augmented reality）。然后，顾客会立即知道哪种沙发（以及哪种颜色）最适合他们的内饰。对于顾客来说，这是一种全新的体验：他们可以漫步在商店里体验不同的沙发，并立即将沙发虚拟地运送到家中，以便通过应用程序使整个场景可视化。

室内GPS技术的可能性也很有前途。借助智能手机上安装的GPS应用程序，你可以轻松定位到店员或你正在寻找的产品。此外，你可以拍照，例如拍下螺丝的照片，然后应用程序会告诉你螺丝在DIY商店中的确切位置。

对于连锁店而言，为商店配备最大数量的技术设备是很有吸引力的，但这几乎不是创造质量的正确方法，真正的挑战在于采用为客户带来真正附加值的技术。对于家具店来说，这种技术将会是增强现实技术；对于大型超市来说，无接触支付将是一大优势；服装店可以通过让用户在社交网络上分享穿着不同服装的照片，或者在更衣室中使用触摸屏选择另一套服装，并要求销售助理带来其他型号或尺寸的衣服，从而提高自己的服务水平。最后，真正的问题是更关注用户体验，而不是技术。这样的结果是，传统和虚拟商店之间的界限将变得模糊。一些连锁店正在艰难地开始尝试，而其他连锁店则对这些问题有很好的理解。A. S. Adventure 就是一个很好的例子。以前，如果商店里没有想要的产品，你就会空手而归。你顶多会晚几天再来店里试一次，希望产品已经到货了。如今，如果你不能立即购买自己想要的产品，员工可以通过网上商店帮你订购产品，并在第二天免费送货上门。在过去，这是不可想象的。商店只关心佣金提成，甚至认为其网上商店是自己的竞争对手。如今，这种思维方式的改变可以防止连锁店失去客户。销售只是从一个渠道转移到另一个渠道。另一个例子是隐形眼镜的在线商店 Lens-Online，它与作为提货点的配镜师合作。该品牌还提供两全其美的办法：消费者购买价格较低的隐形眼镜，同时在遇到问题时从专业人士那里得到帮助，或只是寻求建议。这种模式被称为全渠道（omnichannel），代表了连锁店的未来。

未来的超市

在超市，我们很快就会看到未来的商店会是什么样子。到目前为止，超市从来都不是很吸引人：你从成千上万的产品中进行选择，将所有想要的东西都放在购物车中，然后前往结账处，在那里你必须将购物车里所有的东西放到结账柜台的传送带上。在大多数欧洲杂货店中，你还需要在扫描后立即将所有物品放入袋中。这意味着当收银员开始扫描商品时，与时间的赛跑就已经开始了——你必须跟上收银员疯狂的节奏，尽快把所有东西放进袋子里。完成后，取出钱包，将借记卡插入终端，然后输入密码。这绝不是一次愉快的购物体验。然而，随着互联网巨头的到来，零售业场景可能会很快改变。

互联网巨头亚马逊向大型超市行业发出了一个重磅炸弹——在 2017 年它以 140 亿美元的价格收购了美国杂货连锁店 Whole Foods。亚马逊正进入这一领域成为传统超市的直接竞争对手，这一事实甚至让投资者感到紧张，并导致几乎所有分销集团的股价下跌。亚马逊的首创精神在批发分销业务中引发了一股潮流，直到最近，各家连锁店才不得不开始担心它们的直接竞争对手之外的潜在威胁。收购 Whole Foods 后不久，美国连锁超市沃尔玛（Walmart）与谷歌达成协议。沃尔玛宣布它不仅会通过谷歌的购物工具销售成千上万件商品，而且还可以让消费者通过谷歌家庭智能音箱 Google Home Smart Speaker 订购每天所需的日常用品。在不久的将来，美国消费者将可以让他们的智能音箱来订购两磅土豆、两棵花菜和一些香肠——所有这些商品都将在几小时后送到他们手中。中国互联网巨头阿里巴巴再次向中国第二大连锁超市运营商高鑫零售有限公司

（Sun Art Retail Group）投资 25 亿欧元。[75]

Amazon Go 被称为一家你永远不需要排队的商店。

传统商店没有死。如果它们死了的话，互联网公司就不会投资它们了。像亚马逊和阿里巴巴这样的公司将用最新技术重塑零售商店，让客户在这一进程中重新占据中心地位。

我们已经可以从 Amazon Go 收集一些信息，以了解未来超市的样子。Amazon Go 是由互联网巨头亚马逊于 2016 年在美国西部的西雅图市开设的试点商店。该商店于 2018 年初向公众开放。在入口处，客户使用智能手机扫描二维码，然后货架上的摄像头会紧随其后，记录客户将商品放入购物车的情况。

传统商店没有死。如果它们死了的话，互联网公司就不会投资它们了。

在结账时，所有东西都会被自动结算并通过顾客的亚马逊账户收费。顾客不再需要扫描产品或取出借记卡。Amazon Go被称为一家你永远不需要排队的商店。该系统将成为未来的标准。在一定程度上，互联网巨头将把超市——互联网公司正与之竞争——变成它们新的战场。

在中国，互联网巨头公司京东作为电商巨头阿里巴巴的竞争对手，在去年年底开设了一家无员工超市，也使用摄像头、人脸识别和人工智能记录所有客户的一举一动和他们从货架上拿走的产品。该公司还在考虑使用无人驾驶汽车的配送货服务。[76]

该系统的批评者预测超市将会有大规模裁员。但是也可以采取其他办法。现在，收银员的角色仅限于扫描产品和登记付款。有了这些技术之后，这一环节将消失，但是超市可以聘请雇员向顾客提供有关产品的建议，并为晚餐提供建议。这将回归到几十年前本地杂货商之间更加私人的关系。顾客可能愿意去超市体验这种经历。

您的售货员：人工智能

在数字时代，品牌和商店将不再像过去那样铺天盖地地打广告。现在的广告必须与内容绝对相关。没人愿意在观看电影时看到尿布的广告。另一方面，当你开始考虑换车时，你会很高兴收到关于汽车的广告。广告必须符合消费者的心理世界。这项挑战比许多公司想象中要困难得多。

但请注意，我们与智能手机密不可分。因此，我们永远可以通过手机被找到。正是这种可触及性使营销专家更加关注发送的信息与信息发送时刻的相关性。通过脸书发布广告就是一个很好的例子。当他们阅读朋友的帖子时，没有人对"大锅饭"式广告感兴趣。这些广告会适得其反，因为它们会惹恼读者。如果你正在为你的朋友准备派对，你可能会更喜欢花哨的衣服或香槟的广告。或者，如果你正在打算买房子，你可能会喜欢屏幕上出现抵押贷款的提示。这种高度个性化的方法在数字时代是可行的，因为全世界都留下了数字痕迹，而人工智能有相当强的分析能力。在技术层面，识别和记录谁停下来观看在线广告，随后使广告适应所收集到的数据，这并不困难。

商家的下一步将是使用人工智能来销售人工智能。在美国，聪明的演讲者正逐渐进入公民的日常生活。我们已经提到的这些设备不仅在家中具有各种用途，它们还可用于下订单。这种演变将迫使制造商使用人工智能，不仅要在适当的时候接触消费者，还要让人们的设备（例如智能手机）处于潜藏其中的人工智能的监测中，这将越来越多地被用于创造消费。如果消费者想购买新外套，这些设备应该提出一些建议。产品出现在推荐列表顶部次数越多，那么该产品被购买的概率就越大。

品牌和商店必须制定新的策略来维持客户忠诚度，因为在这里，旧的套路不合时宜。以"会员卡"为例：它不再激励顾客忠诚于商店，我们甚至可能怀疑它以前是否发挥过作用。实际上，每家超市都会发行自己的会员卡，并且所有会员卡都具有相同的优惠，因此它们到最后都是可替代的。没有什么会员卡会让顾客对超市忠诚。如果这张卡提供了独家优惠，那么情况可能会有所不同——例如可以自动扫描产品和无需在收银台等待就可以付款。

如果有一些论据让我们变得非常容易接受会员卡，那就是与方便程度和用户友好性相关。亚马逊的 Dash 按钮（Dash Button）是关于新战略的一个很好的例子。对于 300 种以上的商品，亚马逊提供一种只包含一个简单按钮的小型设备。一旦激活它，你就会对特定商品发送一个购买信号。例如，你可以在洗衣机上粘贴其中一个 Dash 按钮，并在需要购买洗衣粉时按下它。你也可以在浴室中粘贴一个，这样你只需轻轻一按即可订购牙膏。然后，你购买的东西将在第二天快递给你，而无需你再做任何进一步的干预，你所有购买的东西都将自动收取费用。这些新技术和应用程序应该会大大简化你的生活。在数字帝国，我们将能够非常轻松地将大量产品送到你的家中。但我们会继续去商店，不再是出于必需，而只是为了享受美好时光。

第九章　每个人的财务经理

我们如何重塑银行和保险公司？

小时候，我母亲经常带我去邮局，在那里我们必须排队才能取现金。等到我上了学，情况有所改善：每周，我都站在银行的柜台前取款。到了今天，我不必再排队了。我很少提取现金，因为我几乎所有的购买费用都是用借记卡支付的，而且我越来越多地使用智能手机来支付。将来，年轻人可能不会再使用银行卡或现金，这是数字化货币长期发展的结果，它极大地简化了我们的金融交易。受益于当前的科技水平，我们几乎能够以百万富翁的理财方式管理我们的资金。多年以来，我们取得了很多进展。过不了多久，我们就能在家里的客厅管理我们的财务，或是通过发送语音命令给数字财务助理来支付账单或者在股票市场上购买股票。此外，欧洲金融部门的重塑将创造新的经济机会。

未被识别的数字化

数字化提高了用户的舒适度。最好的例子便是我们管理财务的简易性。今天，我们不需要借助任何人就能进行财务管理。资金从一个账户转移到另一个账户，可以使用银行卡和智能手机完成或通过一键点击在线下单来支付购物费用。从某种意上来说，在过去 10 年，我们管理自己的钱就和现在处理度假照片和私人文件的方式一样：我们不会自己保存它们，而是将它们以数字形式存储在一个安全的地方，我们可以在想看的时候随时查看。这些年来，不会有人以现金的方式保存所有的存款。金钱代表了我们物质生活最重要的一个方面，而它自从 20 世纪 80 年代发明了电子银行账户以来，已经被数字化并以令人难以置信的速度在转变。因此，当涉及数字革命时我们仍然保持谨慎，这未免有些奇怪。

货币的早期去物质化（或数字化）是银行最重要的资源，意味着银行自互联网开始以来就能够将其关键业务活动数字化，它们也确实这样做了，并且以富有建设性的方式进行。自 20 世纪 90 年代初以来，互联网一直在不断发展，仅仅 5 年之后，在许多国家，人们就可以在家中或通过在线银行进行银行业务，不再需要去线下网点或拨打银行电话。截至 20 世纪 90 年代末，大多数银行已经制定了真正的互联网战略。在 21 世纪初，我们目睹了第一批完全在线银行的开业。Keytrade Bank 成立于 2002 年，是比利时第一家在线银行。从那时开始，我们可以通过没有实体办公室的银行来管理自己的资金。如今，在线银行已成为标准，而那些没有达到这个标准的银行可能会被淘汰。这表明自数字化开始以来，银行业取得了很大进展，也证明了数字化并不像海啸那样从地图上消除全部的行业。尽管数字化得到广泛发展，银行仍然是个富有成效的组织，但它们必须密切追随数字化发展。

"数字化是一个渐进的过程，我们可以将其比作全球气候变暖，其中一个后果是水位不断上升。有些银行发现自己在沙丘上，其他银行则在堤坝上。银行的未来应该在堤坝上，因为我们不知道沙丘会存在多长时间。"法国巴黎银行（BNP Paribas Fortis）的CEO 马克斯·雅多（Max Jadot）解释说。[77]

财务经理

由于货币的早期去物质化，银行在数字化方面领先于其他许多公司。它们还迅速实现了向移动电话的过渡。随着第一款iPhone 的推出，移动通信技术直到 2007 年才真正起飞。4 年后，在比利时，银行业已经拥有 10 万名手机银行用户，而在2016 年，这一数字增加到 450 万名。[78]

从某种意义上来说，银行被迫迅速加入移动通信潮流。在2007 年和 2008 年的银行业危机之前，它们完全忽视了自己的核心使命，即向客户提供服务、保证支付流量，以及通过将储蓄转化为贷款来为经济稳定提供机会。直到 2007 年，银行主要关注的还是投机、加大资产负债表数字和帮助股东。但它们很少关注自身的服务质量。银行业危机导致了对信任的瓦解，金融机构被迫竭尽全力恢复和提高服务质量。它们大体上成功了。如今，只需下载银行的应用程序，就可以使用智能手机在商店中付款，或者和朋友平摊餐馆账单并实时支付你的份额。同样，该应用程序可以让你随时获取问题的答案。数字革命通过提供快速、高质量的服务，使客户成为流程的核心。这是多年来人们第一次对银行服务感到乐观。根据比利时联合银行（KBC）的主管约翰·蒂斯（Johan Thijs）的说法，银行业的快速数字化并不是为了节省成本。"我们这样做是因为我们面临着客户需求的变化、新技术的发展以及我们所有主要市场中在线业务竞争的加剧。我们希望每年至少增加 2.25％的收入。这就是我们必须实现多元化的原因。特别是，可以通过数字渠道销售保险和投资产品来实现。但我们必须利用数字化来提高效率，因为我们不想让自己失去这种优势。"自推出移动通信程序以来，比利时联合银行已经通过数字渠道销售了三分之二的直接贷款。[79]

手机银行和支付应用程序只是数字化即将到来的预示。银行坐拥大量具有巨大潜力的数据，可以很轻易地发现客户是否比其他具有类似资料的客户支付更多的能源费用。因此，它们可以提示客户换一家供应商以节省费用。实际上，银行甚至可以告诉客户哪家供应商更便宜。银行可以规划一个家庭的财务状况，帮助他们以更有效的方式理财并做出更好的选择。对于公司而言，银行完全有可能实时登记其资金流量并识别困难的现金流状况，这将使公司更容易主动地预测和管理自己的财务状况。正是在这些类型的应用程序中，大数据的真正价值才得以体现。

这也引发了银行之间新的竞争。在法国，移动运营商 Orange 已经开办了一家银行，然后是瑞典公司 Klarna。后者从一家代理公司变成了获得银行执照的公司，现在它拥有一个必将改变瑞典人的付款方式的应用程序。

新技术还提高了过去只有部分高净值客户群才能获得的产品和服务的利用率。私人银行就是一个很好的例子。在过去，只有富有的客户才能从对其储蓄和个性化建议的全面分析中受益。这实际上并不令人意外，因为这种类型的服务需要大量工作并且价格昂贵。私人银行家可以获取所有有用的金融数据，对风险进行研究，并将其作为提供个人投资建议的基础。今天，应用程序可以轻松收集所有收到的存款、储蓄、投资和客户的其他金融活动的信息。通过一些算法再加上一点人工智能，任何普通市民都可以获得高质量的理财建议，以及与他们的需求和财务状况相对应的选项列表。很多在线银行都提供此类服务。

现金时代的终结

多亏了移动支付技术，我们正朝着无现金社会迈进，尽管我们还有很长的路要走。根据欧洲中央银行的研究，79％的付款都采用现金支付。"研究结果全面、客观地考量了消费者相对于非现金支付方式的现金使用情况，并且表明在大多数欧元区国家，通过 POS 机存取现金的使用方式仍然普遍存在。这似乎对现金支付正迅速被无现金支付方式取代的看法提出了挑战。"这是研究报告中的内容。[80]如今，在涉及少量资金时，消费者通常不想费心去使用借记卡和 PIN 码。大部分时间，拿出 2 欧元的硬币更快，这从某种程度上解释了为什么我们仍然经常使用现金。但现在情况正在发生变化，因为使用移动技术支付比使用硬币和钞票要快得多。

许多经济学家支持无现金社会的设想，其中一位是海尔特·诺埃尔（Geert Noels）。他就此问题表示："我发现这是一个好主意，尤其因为它是不可避免的。纸张变得过时了。今天，我们所做的一切都是数字化的，除了一样应该被数字化的东西：支付。"但是，他确实发现了一些障碍：不信任绝对是最重要的障碍。"社会中必须有相当大的信任值。首先，必须确保政府不会使用这些数据来监控公民并使他们的储蓄面临风险。作为社会的一分子，我们还必须站出来反对那些认为不可能根除任何形式的非法经济的人。一个无现金经济体完全有机会在社会中取得上述意义的成功，表现出强大的社会凝聚力，正如斯堪的纳维亚半岛的社会凝聚力。"[81] 他们使用像 Klarna，iZettle 和 Swish 这样的数字支付系统。

我们还必须扪心自问，我们到底偏向使用哪种形态的货币进行付款，因为我们可能也会使用虚拟货币。这些虚拟货币早已存在，其中比特币（Bitcoin）无疑是最广为人知的。它于 2009 年推出，并从那时起大受欢迎。以太坊币（Ethereum）、瑞波币（Ripple）、比特币和莱特币（Litecoin）是最广为人知的虚拟货币——它们也被称为加密货币。2018 年初，共有 1384 种数字货币面世。[82] 许多人投资了它们，但他们往往没有真正理解区块链技术到底会带来什么。目前，由于许多人希望致富，

比特币就成为了一种主要的投机性投资。它的价值在 2017 年从
900 美元上涨到近 20000 美元——非常诱人。这种狂热类似于
90 年代后期的互联网炒作，当时活跃在该领域的公司可以毫不
费力地说服人们进行投资。股价飙升促使许多普通人陷入购买
自家的互联网公司股票的风险中。当 2000 年经济泡沫破裂时，
多家互联网公司被摧毁，只有那些幸存下来的、已经奠定了基
础部门的公司才有更好的发展。在涉及虚拟货币时，我们可以
预料类似的情况。投机泡沫迟早会破灭，同时这些货币的价格
会直线下降，这将是许多虚拟货币的终点，但加密货币的概念
仍将存在。在虚拟货币失败后，将会有其他新的想法被创造出
来，并将加密货币带到一个全新的、更可靠的境界。我们无法
预测这会对金融体系、经济和民主社会产生什么影响，但我相
信有一天，我们将拥有一种通用的虚拟货币而不是多种不同的
货币，这将使我们能够在世界任何角落进行交易支付，就像现
在的美元一样。

令人印象深刻的是，多家中央银行允许客户使用虚拟货币
进行支付。2016 年，荷兰中央银行（De Nederlandsche Bank，
DNB）开始推出 DNBCOIN，这是该银行专门用于试验区块链
技术的虚拟货币。这是一件好事。如果中央银行获得某种专有
技术，它们也可以对虚拟货币实施一定程度的控制。这对于这
些货币获得作为支付手段的合法性至关重要。但我们还有很长
的路要走。这些货币在线使用的匿名性和简单性使它们成为犯

罪组织极具吸引力的资金来源。欧洲刑警组织称，欧洲犯罪所产生的 1120 亿欧元中有 3％ 至 4％ 将通过使用加密货币进行洗钱。在找到根除洗钱行为和犯罪资金的方法之前，虚拟货币不可能成为实际的支付手段。

通过脸书开展银行业务？

　　我的一个孩子大约每 3 个月就丢失一张借记卡。后来我们打电话给银行冻结他的卡并要求银行给我们寄发一张新卡片。通常，丢失的卡片会在几天后找到。但是，到那时已经太晚了，旧卡已被永久停用，我们必须付钱才能获得新卡。这太不实用了。德国在线银行 Number26 找到了一个解决方案：它们开发了一个系统，允许客户临时停用他们的卡。客户若有任何疑问，可以在线停用自己的卡。如果他们找到卡片，就可以免费重新激活它。如果卡片在几天后没有出现，客户可以订购一张新卡。整个流程很简单，既解决了客户的需求，同时也很实用。

　　我们将开始看到越来越多这样的实际应用被引入。银行不会是唯一一家开发新应用和新服务，以改进我们的财务管理为目标的组织。几年来，开发这些金融技术的公司被称为金融科技公司。这些年轻的公司与传统银行并存，凭借其创新的产品和服务在市场上崭露头角。举几个例子：Birdee 是一个为那些希望在线投资的投资者提供建议的机器人；BilltoBox 是一个可以对发票进行数字化处理，并允许自雇人士以更简单的方式处理的应用程序；MyMicroInvest 允许年轻企业家通过众筹方式获得资金。

金融科技公司不仅仅是银行，它们还提供与银行服务相竞争的产品和服务。这就是网络公司的诞生原因。在某些情况下，使用 PayPal 进行在线购物更方便。PayPal 是在线拍卖市场 eBay 的一部分。它不是银行，而是一家你只需要用电子邮件注册的中介机构。谷歌已推出谷歌支付（Google Pay），苹果也推出了苹果支付（Apple Pay）。这些系统将客户的借记卡或信用卡数据链接到智能手机或平板电脑，使他们能够进行在线购物。所有这些大大小小的科技公司都开发了潜在有用的应用程序，与此同时也可以与银行竞争。

在中国，事情甚至更进一步。仍在使用信用卡的那些人变得不受待见，信用卡支付现在已经被认为是老年人的专属方式。微信（相当于脸书，目前有超过 10 亿用户）和支付宝（互联网公司阿里巴巴的子部门）占据了所有支付的一部分。中国人使用该应用程序聊天、转账和支付账单。没有其他任何一个支付系统像微信一样具有"颠覆性"，中国公司的应用程序在其他国家推出只是时间问题。

有些人担心这些互联网巨头将成为真正的银行。但这不太可能发生。"金融科技公司不能成为银行，反之亦然。科技公司依靠的是用户简单性和速度带来的好处。银行擅长财务平衡和风险管理，并受到严格的监管。后者限制了机会。银行主要资产在于了解客户、风险和法规。我认为可以在考虑这些资产的情况下创设新服务。我们可以将它比作保险箱：在未来，银行将不再储蓄你的钱，而是将数据保存在一种数字保险箱中。"于尔根·英厄尔斯（Jürgen Ingels）预测。作为一名企业家，他在 2014 年出售了他的支付物流公司 Clear2Pay，为金融科技公司搭建了一个平台。[83]

没有其他行业像银行业这样受到严格监管。技术公司更愿意远离严格监管的环境，它们提供越来越多的创新支付服务而不是变成银行。银行将面临三个主要领域的竞争：负责支付业务，提供储蓄和投资产品，以及贷款。

这种情况也不太可能被改善，因为自 2018 年初以来，由于欧洲指令 PSD Ⅱ（或称支付服务指令Ⅱ）的实施，银行不再是银行交易的拥有者。该欧洲监管条例规定了欧盟内部的支付市场。这些新规则的目的是允许第三方通过银行获取你的支付数据，前提是你已明确表示同意这项授权。这些第三方可能是零售连锁店、技术公司，甚至可能是另一家银行。这意味着你可以从小型技术公司下载应用程序，并让它分析你的所有支付记录，即使这些支付记录分布在不同银行的多个银行账户中。例如，对于那些希望了解其花销的人来说，这可能非常有用。实际上，客户——而非银行——才是自身数据的拥有者，这是合乎逻辑的。但这对银行来说是个问题，因为你不再需要使用银行的应用程序。你完全有可能在银行开立银行账户，但通过其他的应用程序进行所有的交易。结果是，银行可能失去与其客户的部分关系，同时，这也为其他银行、金融科技公司甚至互联网巨头打开了大门。这对客户来说是个好消息，因为他们将能够从更好的服务中受益，这些服务将允许他们只需要通过一个应用程序就能管理自己所有的银行账户，包括在不同银行开设的账户。

这是银行的终结吗？

尽管金融科技公司和互联网公司竞争激烈，但大多数银行家对此并不担心。相比之下，区块链似乎更受他们关注。区块链是虚拟货币比特币以及其他应用程序背后的技术。迄今为止，区块链比银行面临的所有其他数字技术都更先进。以前的发展已经产生了新的分配或沟通渠道，为新竞争的出现让路，或者产生了新的运营模式。相比之下，区块链可以不费吹灰之力就消灭银行存在的理由，迫使它们彻底改造自己。实际上，这涉及一个使金融交易完全去中心化并削弱当前银行业基础的网络。如今，多家中介机构已经介入了我们的金融交易。想象一下，你在互联网上购买新的智能手机，并且正在使用 PayPal 付款。在线支付系统从你的 Visa 账户中提取现金，该账户又从你的银行接收你的购买资金。光是消费者知道的中介就已经有 3 个了。在后台，你的付款将通过更多的中介机构进行，而每个中介机构都会获得少量酬金作为它们的服务报酬，这笔费用会影响消费者和网上商店。因此，考虑到每个参与方都能获得一小部分利益，我们的支付系统不仅复杂，而且非常昂贵。

区块链技术将所有这些金融机构带出了原先的金融圈。借助这项技术，个人可以轻松地将钱转移给另一个人，而不受银行或其他中介机构的干预。区块链是一个大型网络，看起来像一长串盒子（因此称为"区块链"），每个盒子包含一个或多个交易信息。此外，所有这些区块都以一定顺序彼此连接，并且每个区块还包含这个链中区块的顺序的信息。此外，链中的每个链接都会收到整个交易链的副本。换句话说，链接到区块链网络的每一方都相互连接，并始终跟进网络中的每一个动作。该系统使任何形式的欺诈都不太可能发生。想要修改交易的黑客将不得不修改此交易的前一个区块的交易信息。考虑到网络中的每一方都有整个链的副本，他们必须多次执行这些更改指令。看起来很抽象，但实际上，这能够直接通由一个人向另一个人发起付款或交易。因此，它看起来没那么特别。区块链的力量主要在于每个参与方都可以相互信任，因为区块链是一个分散的网络，每个环节都在监控交易。这使银行家处于不同的位置。弗拉芒语 * 报纸《时间》中关于这项新技术的报道称："区块链可能意味着'中间商'的终结。数百年来，这些中间商

※ 译者注：弗拉芒语，又称弗拉芒荷兰语或比利时荷兰语，是比利时荷兰语的旧称。

一直是资本主义体系中不可或缺的纽带。无论是（中央）银行、证券交易所、公证人还是民政官员，扮演的都是中介角色，并有可能被区块链所取代。……不仅是欧洲银行票据交换所，许多其他金融机构也都试图了解区块链如何影响它们的行业以及它们如何对此做出反应。"[84]

银行的未来

数字化从根本上改变了银行。随着应用程序不断被开发，银行的分支机构已经逐渐消失。几乎所有银行都大幅削减了支行分店数量。其结果是，你的镇上不再有每个大型银行的分支机构了。

"在 2016 年，我们仍将我们的分销模式视为金字塔结构，底层设有分支机构网络。在未来几年，这个想法将迅速转变为一个圆柱结构，其中数字和移动渠道变得和分支机构一样重要。"马克斯·雅多解释说。[85]银行的分支机构不会完全从架构中消失，但它们的功能将会被改变：把自己局限于基础交易的支行将变得没有前途。客户可以通过银行的应用程序更直接并且更轻松地管理这些交易。在未来的银行中，一切都将关乎投资建议。那些需要为其公司融资的人不会在应用程序中找到解决方案：他们必须与银行家讨论不同的观点选择。这也适用于决定买房或想要用储蓄进行投资的个人。这种附加价值将是客户去支行的唯一原因。但银行及其人事尚不清楚这种变化的必要性，因为这种变化需要彻底改革组织结构，并且需要占用在正常办公之外的工作时间。这也表明了数字化变革对于金融行业的重要性。至于所有其他的行业，数字化变革要求它们实现基本服务的全面自动化，以便留出更多的时间和资源来为客户提供真正有益的宝贵建议。

当然，这些变化也会影响就业市场。金融业是最大的雇主之一，但最近雇员人数大幅减少。近年来，为了证明重组的合理性，银行很快指向了数字化发展。当然，这在一定程度上是正确的。与此同时，金融危机迫使银行进行重组，削减了大部分服务，并大幅降低了开支。由于低利率，银行也被迫削减了预算。这些经济因素与数字化无关，但与金融业的失业率有相关性。然而，在数字化时代，银行仍旧继续招募新员工，它们想要寻找具有不同技能的候选人。银行需要更少的行政人员，更多熟悉信息学的人和更多的顾问。

你的保险公司正在监视窃贼

近年来，银行一直是彻底重组的对象，因此即使它们尚未完全具备同中国互联网公司（如微信和阿里巴巴）竞争的实力，它们也能很快地适应。相比之下，保险公司却落后了。与银行不同，这些公司在金融危机之后并没有被迫重塑自我，而是继续运转，好像世界根本没有发生什么变化。其结果是，银行拥有惊人的应用程序，而我们仍在等待保险业的第一个适用的应用程序。这个怎么解释呢？保险公司面临两个基本问题。第一个问题是它们正在处理一个负面形象，正如捷孚凯（GFK）市场研究集团在 2017 年下半年进行的一项调查所证实的那样。该项调查调研了 1130 名个人和 151 名自雇人士在保险和保险公司方面的体验。结论如何呢？近 57％的人认为他们的保险公司在他们不开心时不会听取他们的意见。只有 23％的人认为保险产品易于理解，而 10 个人里面有 7 个认为他们不得不阅读和签署太多文件才能签订新合同。此外，在对最近的保险结算表示满意的投保人中，有 25％的人不确定下次结算是否也能够顺利进行。因此，不信任似乎是一个主要因素。[86]第二个问题是保险公司只在遇到问题时联系它们的客户。那些没有提出索赔的客户，只有在需要支付账单时，保险公司才会联系他们。银行的情况则不同了，因为消费者每天都在使用它们的产品。

在数字世界中，保险公司一直承担着经营风险，发现自己处于非常脆弱的地位。数字消费者有很高的期望，特别是在服务质量方面，这应该与他们每年花在保险上的大量资金相匹配。这是消费者今天从其他领域获得的受益。因此，保险公司需要彻底重新定义自己的角色：它们需要时时刻刻都将客户的福利放在第一位，而不是仅在有问题的时候才去联系客户。保险公司必须想得更远些。如果消费者的保险公司给他们建议，他们肯定会很感激。例如，当他们想要购买火灾保险时，告诉他们哪种烟雾探测器是最好的。另一个例子是，当谈到防盗时，你的保险公司可以告知你通过哪个现有的应用程序来远程检查房屋是否安全。保险公司借由这种方式扮演新的角色，消费者肯定会对此表示赞赏。当然，打个比方说，这种现代化的保险公司将成为一种看护人，可以帮助你避免某些麻烦，避免出现状况时没人提醒你。保险公司不仅能够为你提供保险，与此同时，它们将能够确保你的安全和健康。毫无疑问，很多人愿意为这种订阅的形式支付服务费。

　　我们缓慢地——但肯定是——在朝这个方向前进。一些保险公司已经推出了应用程序，可以在风暴、下雪或冰雹的情况下提醒它们的客户，使他们能够采取必要的措施来减少损失。此外，保险公司还推出了多种针对汽车的数字解决方案。例如，自 2017 年初以来，你可以通过智能手机发出碰撞信号。通过扫描保险单据中的二维码，汽车司机可以从事故地点直接发送有关事故的信息。然后，你所要做的就是输入有关事故情况的信息并填写完索赔表，包括添加图片。这很实用，但也仅仅是一个简单的现有的数字化应用。某些保险公司的应用则更具创新性，在某种程度上，这些应用程序可以在客户驾驶时分析客户行为，并为他们提供更安全、更节能的驾驶风格的建议。这些应用程序不仅是颠覆性的，还展示了保险公司正朝着正确的方向发展。然而，它们可能会发展得更快。这些新服务将会在市场上推出。问题是，谁将为数字帝国的居民开发最好的服务，保险公司还是科技公司？

第十章　媒体无处不在

媒体如何自我重塑？

1995 年，我在一家大型工业洗衣公司担任总裁。在那里，我经历了某些彻底改变我职业生涯的事情：这是我第一次通过电子方式与美国的股东进行沟通。那时候，这个过程还很复杂，我发了我的第一封电子邮件。在那一刻，我感受到了变革之风。我在一家国际公司担任一个有趣的职位。我有一份高薪水以及一辆公司配的车。但是，我感觉到有些事情即将来临，未来即将呈现出不同的形态。我绝对不想错过这个机会。不到一年之后，我加入了 VUM 的创新子公司担任编辑，负责的

新闻的发布方式正在发生变化，但是人们对新闻的需求始终不变。

内容包括弗拉芒语报纸《标准报》和《新闻报》。在那里，我全身心投入互联网项目。那时，《标准报》即将推出自己的网站并准备发展，但它很难说服母公司尽快地承担数字风险。然而，在 1996 年，我们成功推出了 Clickx，一种关于互联网的（印刷的！）"电视杂志"。当时，比利时的互联网用户不超过 30 万，他们对此几乎一无所知。网络逐渐向媒体发展，在 90 年代后期，事情发生了彻底的变化，对互联网的宣传已经铺天盖地。我在关键时刻为塑造比利时媒体出了一份力，而且这个过程仍

在进行中。

　　新闻主题和对信息的需求在当今社会一直存在。在过去，我们早上看报纸，晚上看电视新闻，每天接受两次信息。今天，我们以完全不同的方式使用媒体。事实上，我们一整天都在"消费"它。我们会定期检查网站上的信息或社交媒体上的信息流。我们在休息时间接收到的所有消息未必都是有趣的，但我们经常将其当作"零食"来消费。这并不妨碍我们在媒体上花费的时间比以往任何时候都多。这显然与那些试图通过过去预测未来的人的观点相矛盾，他们认为数字化意味着传统媒体的终结。这种担心是可以理解的，因为新媒体的运用总是引起很大关注。当印刷机被发明出来时，人们担心人类的大脑无法吸收如此多的信息。在 16 世纪，有些人对将笔记本作为记忆辅助工具有类似的反对意见，一个世纪之后，人们对将咖啡馆作为新闻交流的热门场所持有相同的态度。[87]这是一种很常见的现象。然而，几个世纪以来，新的媒体形式不断被创造，如报纸、广播、电视和（移动）互联网。人类并没有被淹没在信息的洪流和不同形式的媒体中，这已成为我们日常生活中不可或缺的一部分。新闻的发布方式正在发生变化，但人们对新闻的需求始终不变。

为信息付费

　　印刷媒体是最早了解互联网如何改变行业的媒体之一。视听媒体长期未受影响，因为在互联网时代的初期，视频的使用既困难又缓慢。计算机及其互联网连接运行不够顺畅，视频平台 YouTube 直到 2005 年才出现。至于报纸和杂志，情况就有所不同了。

互联网刚起步时，网站主要包含文字和图片，这与报纸和杂志的内容完全相同，因此报纸和杂志被迫尽早实现信息数字化。在 20 世纪 90 年代，你不仅可以通过阅读纸质报纸来查找信息，还可以访问其网站。数字化的好处是信息变得去物质化。报社不再完全依赖纸质报纸的销售来传播它们的文章。数字化显著增加了它们的潜在公众读者的数量。记者不再只为报纸读者写作，也为访问（移动）网站或数字报纸的人写作。2015 年 7 月至 2016 年 7 月期间，比利时平均每天销售 120 万份纸质报纸和数字化报纸。报纸的销售额下降幅度小于预期，部分原因在于数字化。

与此同时，报纸网站的访问者人数每天平均增加到 490 万，这个数字不包括移动应用程序，这意味着读者数量可能要更大。[88] 报纸出版商肯定会销售更少的纸质报纸，但它们从未有过更多的读者。当然，对于那些认为自己是纸质报纸销售商的出版商来说，这是一个坏消息，但对那些致力于为尽可能多的人提供优质新闻的出版商来说，这是一件好事。

纸质报纸市场可以与蜡烛市场相比较。两个世纪前，蜡烛对于照明是必不可少的。那些认为蜡烛仍然是最好光源的人错了，但那些认为蜡烛会过时的人也错了。Baobab * 的成功证实了带有香味的、奢华的蜡烛在当今社会是一份成功的业务。我认为纸质报纸将成为一种奢侈品，而数字报纸将会有更大的读者群体。

增加读者人数是一回事，但盈利却是另一回事。这在过去很简单：出版商通过出售报纸和杂志赚钱。此外，他们通过广告增加了读者数量：一个媒体的读者越多，报纸或杂志的广告费用就越高。直到90年代都是如此。然而互联网改变了一切。很快，报纸拥有了更多的免费读者而非付费读者，因为大部分读者无需支付任何费用就可以在线访问新闻文章。此外，报纸出版商很快意识到，在线广告的收入远不及广告商愿意为纸质报纸所支付的费用。报纸出版商面临着盈利的挑战，同时还要让读者至少在一开始时不用付任何费用。这似乎是一个悖论，但绝不是不可能做到的。

新的商业模式背离了可供所有人使用的免费在线新闻的想法。基于这一点，出版商不会有高收入。在线广告收入平摊到每一个网站访问者身上仅相当于几美分。但是，浏览网站并使用免费信息的人迟早会发现付费文章。部分网站访问者如果确信信息质量很高，则愿意为数字订阅付费。这可能是迈向另一

＊　译者注：Baobab 是 2002 年创立在比利时的奢华家居香氛品牌。

项订阅的第一步，例如周末版的纸质报纸将在每个星期六早上送到你家。通过这种方式，报纸可以逐步将免费新闻文章读者转变为订阅者。但是，事情并没有就此结束。那些真正喜爱阅读报纸的人可能会想在他们最喜欢的媒体网站的网上商店购物。现在，报纸的网上商店出售各种产品：除了 LED 灯和太阳能电池板之外，还有关于葡萄酒的书籍。其结果是，尽管访问者最初只愿意消费免费信息，但每次的网站访问都是潜在的收入来源。这种商业模式并不是什么新鲜事，它与硅谷的商业模式相同，能够帮助大型互联网公司建立自己的帝国。这个模型其至还有一个名称（由咨询公司 FaberNovel 创造）：GAFA 经济学，GAFA 是谷歌（Google）、亚马逊（Amazon）、脸书（Facebook）和苹果（Apple）的首字母缩略词。目前，这些公司的年销售收入为几十亿美元，而它们的服务是完全免费的，比如目前拥有超过 20 亿用户的脸书。谷歌的搜索引擎每天都会添加几十亿个关键词。这些公司没有从中赚钱，但它们正在动员数十亿用户，这些用户是许多付费服务和广告的起点。

有些人确信这些新的商业模式意味着高质量新闻的终结，但到目前为止，事实证明并非如此。我相信媒体有能力重塑自我，但是无可避免地，新闻业必须寻找新的财务模型。虽然报纸出版商今天仍然有利可图，但他们正在苦苦挣扎。

"重大挑战即将来临。随着数字化的发展，媒体公司正在接触越来越多的读者，但这并不意味着它们能赚更多的钱。由于一场彻底的变革即将发生，广告市场将面临最大的挑战。"欧洲最大的媒体公司之一 De Persgroep 的 CEO 克里斯蒂安·范蒂洛（Christian Van Thillo）在该集团的 2016 年度报告中写道，[89]"多年来，我们一直是游戏的一部分，我们已经掌握了每个方面，所有的规则都很明确。今天，游戏规则已经被改变，其他玩家和其他规则也在不断变化。我们必须找到一种能够确保我们长期成功的商业模式。"

谷歌正在努力为出版商的未来做出贡献，并在 2016 年推出了数字新闻计划，这是一个针对出版商的交流计划，旨在刺激创新。该项目产生了多种新产品和新计划。谷歌还将 1.5 亿美元资金用于资助媒体领域的创新数字项目。

适合所有人的电视屏幕

电视行业正面临类似于书面报刊的数字化转型挑战，但广播公司在数字化方面还没有那么先进。这种延迟可以通过以下事实解释：视听市场是一个非常结构化的市场，公共权力机构仍然在其中发挥重要作用。权力机构继续在电视领域发挥主导作用，仅仅因为制作电视节目的费用非常昂贵。电视行业刚开始时尤其如此：电视演播室非常昂贵，公共权力机构是唯一能够负担得起的机构。纸质报刊从数字时代的初始阶段就被迫改变策略，不得不创造新的商业模式并不断完善它们。广播公司在一旁见证了这些变化，并继续以它们一以贯之的方式制作电视。突然间，事情开始快速变化，广播公司被迫面对现实：自第一个电视广播节目出现以来，观看"线性"电视（直播）的观众数量显著减少，甚至连老年观众的日常电视使用率也在下降。智能手机现在位居第二，每天有近 31％ 的智能手机用户通过手机观看视频。此外，在年轻人中，智能手机似乎取代了电视机。有 54％ 的人会每天看电视，而有 69％ 的年龄在 15 到 19 岁之间的年轻人每天在智能手机上观看视频。[90]

电视节目的数字化使电视观众能够跳过广告，这对于以这些收入为生的行业来说当然是个问题。此外，电视观众不再遵循电视节目表。在不同的时间观看电视节目已经成为常态。此外，传统渠道必须与事先没有被预测到会进入这个市场的媒体——互联网竞争。YouTube 是一个比传统电视（尤其对年轻人而言）更受欢迎的视频平台，并且越来越多的人通过订阅流媒体服务，例如奈飞（Netflix），来观看最新电视剧，而且没有广告。与此同时，有线电视运营商也开始创建它们自己的内容。

但人们还没有决定停止观看电视，因为传统的"线性"电视即将消失。许多家庭发现一家人坐在电视机前，却没有人是真正在看电视的。每个人都在看自己的智能手机或平板电脑，每个人都在不断地谈论他们正在观看的内容。大屏幕并没有消失，但是出现了使用其他屏幕的不同方式。观看电视将变成一种互动行为，以新的方式将人们聚集在一起。

尽管存在各种挑战，电视频道和制作人仍有一个巨大的优势：在我们新的数字世界中，视频已成为首选的交流方式，这恰好是他们的专长。人们从未观看过如此多的视频。仅在You-Tube上，每分钟就会有400小时的新视频被添加。在短短几天内，上传到平台的内容比过去10年公共电视公司生成的所有内容的总和还要多，并且大多数用户在移动设备上观看视频。这不再令人惊讶，因为每个人都在火车或公园里看到人们在智能手机上观看视频。当智能手机推出时，没有人能够想象这个设备会被用来观看电影。事实上，视频已成为一种新的交流方式。直到19世纪末，人们还仅仅以书面形式进行交流。然后我们拥有了照片，到了今天，技术让我们能够添加视频。此外，数字化使视频世界更加民主。直到不久之前，只有媒体界的大玩家才能够制作视听内容。他们实际上是唯一能够买得起所需设备的那些人。然而今天，任何年轻人都可以轻而易举地制作一部短片并进行传播。

再见收音机？

我的孩子们坐进汽车时所做的第一件事就是关闭收音机，并通过像Spotify这样的流媒体服务收听智能手机上的音乐。这对于数字化方面还不太先进的无线电台的未来来说，并不是一个好兆头。

对于广播电台而言，这不仅关乎它们的广播方式，还关乎无线电的实际基础设施。年轻人很少有机会收听广播电台，特别是当广播节目包含广告时。越来越多的人基于流媒体服务提供的几乎无限数量的歌曲来创建他们的音乐播放列表。这种情形将持续发展，尤其是在所有汽车都将连接到互联网的情况下。因此，可以肯定的是，广播电台的听众数量在未来将会继续减少。

就像其他形式的媒体一样，广播电台也被迫重塑自我。它们实际上非常清楚这一点。无线电台 Nostalgie 的制作人纳塔莉·斯库巴尔特（Nathalie Schoonbaert）在接受弗拉芒语报纸《时间》的采访时称："如果我们不做努力，数字革命将意味着收音机的结束。……对我来说，无线电台的独特卖点在于它的本质。广播电台创造了一个独特的环境，不仅仅在听音乐这一方面。每个频道都有自己展示内容的方式，并借此建立了自己的社区。这就是广播电台必须与听众有更多联系的原因。除了主持人之外，通过电话和社交媒体进行互动以促进共同讨论非常重要。一段有趣的采访，借由我们在网站或脸书上发布的一篇文章，可以在互联网上拥有自己的生命。电台必须从单向沟通形式发展成互动形式。否则我们将失去新一代的听众，他们也非常渴望表达自己。"[91]

我们今天所知道的大量广播电台功能很可能已经过时了。我们更倾向于查看智能手机来获取天气预报和交通信息，而不是收听收音机。

尽管如此，广播电台仍然有一些有趣的方面。音频通信比以往任何时候都更加有用。以智能扬声器为例，你可以通过你的声音控制它，也可以提供语音信息。Google Home＊的用户经常用它收听新闻。这就是为什么谷歌的工程师已经尝试了各种选择以满足这种需求，并且研究了用户心中通过扬声器收听新闻的最佳方式。结果如何？口语新闻广播仍然是满足用户需求的最佳方式。除了特定的新闻主题，例如国家总统选举的获胜者或皇家马德里最近一场比赛的得分，收听报纸文章的时间太长，而且不够动态。

社交媒体——数字帝国的"城镇广场"

数字化也催生了一种新形式的媒体：社交媒体。这些平台让每个人都可以分享他们的信息、知识或经验。在媒体世界中，这是一场真正的革命，因为媒体的内容由用户来定义。我们使用脸书与朋友分享短消息或短视频；在领英（LinkedIn）上，我们可以建立一个职业社交网络，以推进我们的职业生涯；通

＊　译者注：Google Home 是智能家居设备，可以通过语音控制家庭设备。

过推特（Twitter），我们可以与世界的任何地方分享我们对几乎每一个主题的看法。

与其他形式的媒体相比，社交媒体仍处于早期阶段。第一个社交平台是创建于 1995 年的美国网络 Classmates.com。它帮助用户找到早已失去联系的老同学或老同事。1997 年，我们见证了 SixDegrees.com 的发布，它与我们今天所熟知的社交网站有着更多的共同之处。这个网站的名称源于这样的理论：世界上每个人通过最多 6 个联系人就能建立起联系，并且我们都可以通过朋友的朋友以及同事的同事与彼此建立联系。社交媒体真正的突破始于 2003 年，当时美国公司 MySpace 刚成立，它后来成为全球最大的在线社交网络，其用户主要可以发布图片、视频、音乐和博客。MySpace 让摇滚乐队北极猴子（Arctic Monkeys）和歌手莉莉·艾伦（Lily Allen）等人一举成名。2006 年，脸书的出现意味着 MySpace 的终结。截至 2010 年，脸书已拥有 50 万名活跃用户，并在 2017 年突破 20 亿大关。[92]

今天，我们很难想象一个没有社交媒体的世界。近 85％的互联网用户拥有社交媒体账户，并且每天平均花费大约一个半小时使用它。[93]社交网络已经成为数字帝国里的理想聚会场所：你可以与朋友会面并愉快交谈，也可以与老朋友取得联系。在一个拥有 40 多亿居民的国家，社交网络可以成为增加社

社交网络已经成为数字帝国里的理想聚会场所：你可以与朋友会面并愉快交谈，也可以与老朋友取得联系。

会凝聚力的工具。与此同时，它是一种相对较新的媒体形式，我们仍然要学习如何在日常生活中使用它，就像报纸、广播和电视首次出现时那样。

社交媒体也面临一个两难困境。一方面，用户愿意在互联网上分享非常私密的信息，但另一方面，他们也害怕自己的隐私权受到威胁。我们将在下一章中进一步详细讨论这个问题。另外，一些研究表明，使用社交媒体可能大大增加抑郁症的风险。[94]当人们看到其他人的精美图片和"状态更新"时，他们往往认为那些更新状态的人更快乐。网络欺凌和网络成瘾的情况可能会更糟。但是，到目前为止，没有人能够证明社交媒体和抑郁症确实相关，那些容易患抑郁症的人也可能为了让自己感觉更加完整而更频繁地使用社交媒体。

社交媒体引起的另一个问题是虚假新闻现象。换句话说，人们发布虚假信息是为了影响公众舆论。社交媒体平台助长了虚假新闻的发布。与传统媒体相反，社交媒体的平台内容事先无审查，这是用户自己的责任。但是，在拥有数百万甚至数十亿用户的平台上，用户只需点击一下即可共享任何内容，虚假信息正以光速传播。其结果是，社交媒体网站的压力与日俱增，他们被要求正确地并且更加谨慎地对待在自己的平台上与世界其他地方共享的信息。虚假新闻是民主的潜在定时炸弹，因为它让民粹主义思想传播到世界各地，并影响到公民的判断，人们可能正基于虚假信息做出重要的决定。从现在开始，我们必须思考虚假新闻对美国总统大选究竟有什么影响，以及对英国脱欧公投结果的影响。在英国，虚假新闻被四处传播，尤其是那些有影响力的小报，多年来它们一直反对欧盟。

虚假新闻并不是一个新现象。对于传统记者而言，这种情况创造了机会，因为公民比以往任何时候都更需要解释和背景说明。我们生活在一个日益复杂的世界里，而调查记者则是对抗虚假新闻的重要武器。如果不仔细检查这些文章的话，我们很容易被吸引去不断地阅读类似的文章或者发布、转发相同的故事。与此同时，移动技术和社交媒体的时效要求迫使记者以高度概括的形式发布信息却以放弃事实核查为代价。它们给记者带来了巨大的挑战和真正的问题。

此外，现有媒体的数量不断增加，因为数字频道使发布信息变得更容易。今天，每个人都可以通过使用他们自己的互联网网站、脸书页面或 YouTube 频道成为记者或制作人，并去寻找对他们感兴趣的人。可以使用的媒体从未如此之多。"传统的媒体形式面临的挑战中包括承受激烈的竞争。特别是，通过平等竞争，数字通信渠道必须为创造性的信息发布方式提供可能性。另一种竞争方式是通过使用内部的专业知识和新闻记者的经验提供附加值，以及继续尊重新闻的道德准则。信息质量是传统媒体与新挑战者竞争中最重要的资产。"弗拉芒语报纸《时间》发表的分析报告中指出。[95]

在 2018 年初，法语报纸《晚报》（*Le Soir*）的读者选择了

"假新闻"这个词作为今年最重要的新词。他们认为这是一个令人担忧的事态发展。在接受该报采访时，马蒂娜·西莫尼（Martine Simonis）主张对新闻有一个"品牌"的质量要求。据她介绍，这一战略将"比那些不适用于没有限制的社交媒体的强制性法律措施更有利于打击虚假信息"。该报纸称，这是对法国总统马克龙（Macron）最近推行反对在线虚假信息立法的间接回应。

2028 年平凡的一天

创新正以越来越快的速度和全球性的规模在发展。其结果是，设计项目或制定超过一年的计划变得非常困难。我们几乎不可能预测 2028 年的媒体世界会是什么样子。然而，这是弗拉芒语区媒体部长斯文·加茨（Sven Gatz）在 2016 年为他的书《关于媒体，我无可奉告》（*Over media heb ik niets te zeggen*）向我提出的问题。这是一个有趣的问题，我很乐意在这里分享（有一些改动）。可以肯定的是，每个人都将连接到互联网或连接到将会取代互联网的东西。这种连接将不再需要不实用的键盘或大型智能手机，而是通过单一的智能环境来实现。十年后的平凡一天会变成什么样呢？

早上，我准备好吃早餐。最新信息投射在（白色）桌面屏幕上。不是所有信息，而是"我的"信息，即根据我的偏好和我对新闻主题的持续需求进行定制的信息，包括一些我不会自己选择的新闻主题以及我为了扩大视野而选定的记者建议的新闻主题。这项服务由媒体谷（MediaValley）提供给我，它通过微支付自动向我收取我阅读或咨询过的文章的费用。我收到了包括文字、图片和视频的信息组合。通过观察和移动了几个文本和图像，我发现表格是最新的数据，我仔细查看其中的一些内容，并留下其他几个以后观看。数字日程在同一个桌面屏幕提醒我，是时候离开家去上班了。我进入来接我上班的无人驾驶汽车，可以查阅在挡风玻璃上显示的信息。我想了解更多细节，并观看了几个 3D 视频。车里没有收音广播。这种通勤者一直以来最爱的媒体类型已经消失了。

差不多半个小时后，我到达办公室，开始一个管理层会议。6 位同事一起站在高桌旁。相关新闻和公司业绩被投在桌面屏幕上。在这里，专业新闻主题同样由媒体谷提供。信息越个性化，费用越昂贵。事实上，每一分每一秒我都在关注媒体谷或其竞争对手提供的媒体产品：它们始终在正确的时刻提供正确的信息，提供始终相关、有趣或有用的信息。这些公司在我们国家和世界其他地方发布新闻文章。外国记者很少，主要由熟悉环境的当地记者发掘国内新闻并向全球各地发布。

晚上，我的孩子和我一起观看一个仍然很受欢迎的游戏题材电视节目，节目名为《数字与文字》（Numbers and Letters）。与此同时，已有一百多个国家购买了这个游戏概念，并以自己国家的语言创造了一个新节目。每个家庭成员都有自己的屏幕，画面投射在咖啡桌上，每个人都可以解读答案。我们可以把自己的结果和同时观看广播的其他电视观众的结果作比较，并进行热烈的讨论。与十年前的传统电视游戏节目相比，这种体验与棋盘游戏的共同之处更为普遍。我们也为玩《71》[让·米歇尔·泽卡（Jean-Michel Zecca）在 RTL 电视台*上制作的动画游戏]做好准备，该游戏对我们的常识进行测验，并且可以直接在线参与。我们以有趣的方式挑战自我，与当地官员和其他受邀参加演出的明星竞争。然后，我们决定观看全国犯罪节目的最新一集。这个节目非常成功，在世界各地的人们都可以观看。这部剧集很短，半个小时一集，我们观看了其中的四集。PrixNet 从我们观看的每一集中收取费用。对于那些创造媒体和艺术的人来说，国内市场不仅是进入国际舞台的垫脚石，也是他们大部分收入的来源。

这可能看起来像是一个幻想，但实际上，这很可能是未来会呈现的场景。创造我刚刚描述的一切所必需的技术已经存在，正如创造力已经有了，对当地内容、高质量信息和熟悉的名人的需求也已具备。这个场景也表明，数字帝国的未来不仅仅是将来会发生的事情，它在今天就已经开始了。[96]

＊ 译者注：总部坐落在有"德国媒体城"之称的科隆市的 RTL 电视台，是德国最大的私营电视台，也是欧洲电视业中的"老大"。

第十一章　数字帝国的信任

关于个人数据的保护和互联网安全是什么样的？

谷歌于 2011 年在比利时推出了谷歌街景，该功能可以展示世界各地街道上的全景视图，这引起了一场轩然大波。我甚至在家里接到了一个电话，这个电话来自一个显然很心烦的人，他发现人们能够在互联网上看到自己家的门面，觉得这是完全不可接受的。我冷静地向他解释，我们可以把他房子的图片模糊化，让其无法在网上被识别出来。而且我也问过他，我们两个人之间谁是隐私侵犯的最大受害者：是他——因为他的房子可以在互联网上被看到，就如同在街上经过这所房子的每个人都可以看到一样；还是我——当我想花时间和孩子们在一起时，却被拨通我私人号码的电话打扰，只是为了倾听他的抱怨？这个问题使他平静下来。

人们经常要求自己的房子无法在谷歌街景上被识别。后来这些人联系谷歌，让谷歌把他们的房子再次显示出来，因为他们改变了主意，想要卖掉房子，或者因为他们发现自己的反应过于冲动。然后，他们惊讶地得知谷歌此时已无法执行他们的请求，因为图像已被永久删除，备份也是如此。这说明了两点：首先，围绕隐私权的讨论也受到人们情绪的影响；其次，公司为了保护个人数据，有时会比人们思考得更多。

在数字帝国，隐私权比以往任何时候都更加重要。网上商店知道你最喜欢哪种产品；银行建议你切换到更便宜的能源供应商；医生使用人工智能分析你的症状；智能手机上的 GPS（全球定位系统）应用程序可以帮助你避免交通拥堵；当你在购买食品杂货时，超市直接从你的银行账户中收钱；一直到你的冰箱，它会告诉你什么时候里面的牛奶快喝完了……所有这些应用程序不仅非常实用，而且此时在技术上已经可行了。但是，如果没有用户的数据，这些应用程序都将无法运行。这些数据其实一直是有的，但数量从未如此之大。据互联网数据中心（IDC）称，预计到 2025 年，数字世界的数据数量将增加到 180 泽字节 *，即 180 后面跟 21 个零。[97] 在 2016 年，互联网连接的设备数量已超过世界上的人口数量。根据这些消息来源，预计在未来连接到互联网的设备数量将增加至 200 亿～1000 亿个，这意味着数据将呈爆炸式增长。这些数据中的很大一部分是个人数据，换句话说，就是你在屏幕上的每次点击或更改时留下的数字痕迹。

因此，保护个人数据已成为数字革命的主要问题之一。这并非巧合。一方面，我们从未像现在这样在社交媒体上发布过关于自己的信息（在过去，与几百个"朋友"分享自己孩子的

＊ 译者注：泽字节，计算机存储容量单位，英文是 ZettaByte，简称 ZB，是 EB（艾字节）的 1024 倍。

照片是不可想象的），今天我们大部分人对此已经习惯。我们也愿意与公司交换个人数据，以换取免费服务或特权。但另一方面，我们更担心的是我们的个人数据会发生些什么情况，以及公司或政府如何使用它们。因此，我们必须寻求一个好的平衡点：优质的服务和创新可以与隐私权同时进行。

对"老大哥"的恐惧

这些关于隐私权的担忧并非最近才兴起。隐私权这一概念来自美国，源自两位律师于 1890 年为法律杂志《哈佛法律评论》（*Harvard Law Review*）撰写的一篇题为《隐私权》（*The Right to Privacy*）的文章。它是对新印刷技术（即新媒体行业的基础）的发展作出的一种反应。现在大众广泛阅读的报纸不仅包含图片，有时还会揭露有关名人的信息。这在当时是闻所未闻的。与此同时，社会经历了根本性的变化：19 世纪的工业化和城市化特征已经产生了一定程度的匿名性。[98]新媒体和私人领域之间出现了紧张关系。

隐私权出现在 1948 年颁布的《世界人权宣言》的第 8 条中。当谈论到隐私问题，我们经常将其称为"隐私权"。比利时司法部网站声称："除法律规定的案件和条件（比利时宪法第 22 条）外，每个人都有隐私权和家庭生活权。"欧洲甚至考虑将一个人的家庭和通信地址视为个人隐私。隐私权还包括"尊重个人数据"，这意味着"对个人数据的保护，不提供个人信息的权利和仅在严格需求情况下分享数据的权利，以及知晓被第三方保存的个人数据的权利，包括数据被收集和使用的方式"。近年来发展起来的这一概念已成为人们日益关注的主题，而且理当如此。

就在 25 年前，隐私权仅适用于我们在信箱中收到的出版物，未经请求的电话以及我们在收件箱中收到的越来越多的广告电子邮件。但互联网的发展无疑会产生新的紧张局势。今天，每个人都可以在互联网上发布数千人甚至数百万人可以看到的消息。每个拥有智能手机的人都会有一个可以拍摄人像的相机镜头，并且可以在眨眼间将视频上传到脸书和推特。只需点击几下，雇主就可以找到大量关于求职者的个人信息，因为互联网会记录你在网上所做的一切。因此，隐私权的概念已经发生变化，这一点也就不足为奇了。现在，许多人对正在数字世界中传播的他们的个人信息以及这些信息的用途感到不安。

值得一提的是，在 2017 年初，乔治·奥威尔（Geogre Orwell）的科幻小说《1984》进入了亚马逊在美国的畅销书排行榜。[99]这部小说虽然是 1949 年出版的，但直至今天，它仍旧是一本畅销书。奥威尔在书中写到了一个极权主义国家，其中"超级大国"大洋国——"老大哥"（Big Brother）的政党领袖决定人们应该如何行事，甚至在人们的家中安装监控镜头，通过监控镜头永久地控制他们的行为。著名的口号"老大哥正在看着你"在当今社会中变得越来越流行。

隐私权的重要性

公司不被允许以任何理由使用客户和用户的数据。数据也被称为"新黄金"或"新石油"，因为我们谈论的是一种可以出售并可以赚钱的原材料。但事实恰恰相反。这是荷兰银行ING出资调查的结果。2014 年，该银行的一位董事在接受《荷兰财经日报》（*Het Financieele Dagblad*）的采访时打开了潘多拉的盒子，他表示本银行希望在客户的帮助下进行大数据试验。在此项目中，有关客户及他们的交易数据被提供给其他公司用于个性化广告。例如，每年春天花费大量资金购买花园用品的一位 ING 客户将获得花园中心提供的特别优惠。这个项目引起了极大愤慨，许多客户甚至考虑不再使用该银行。ING试图向客户保证他们的数据永远不会泄露给第三方，以说服他们留下来。但损失已经造成，因为每个人都确信他们的数据会被出售。不久之后，这个项目被完全终止了。这是有充分理由的。客户数据不是公司可以销售的原材料，而是一种更好地了解客户的手段，帮助公司为客户提供更好的服务或开发新产品。事实上，许多网站都会分析访问者的行为，以便为他们提供有针对性的广告。但是在屏幕上显示广告与出售数据有很大差异。广告商不知道谁在看它们的广告。此外，互联网用户必须在广告进入广告商的网站之前点击广告。互联网用户也可以轻松修改其浏览器的设置，以阻止或过滤广告。用户可以通过谷歌账户的隐私设置来控制自己的数据，并表明他们不再希望接收有针对性的广告。此外，谷歌试图向互联网用户展示非侵入性的、足够短的相关广告，以便对此不感兴趣的用户可以轻松忽略它们。

　　数据可以创造更易于使用的产品或带给用户更好的购买体验。如果数据是有用途的，新消费者会乐意分享一些个人数据。在地理定位数据的基础上，Waze* 可以为消费者提供 GPS 应用；通过银行应用程序中的所有付款数据，你可以更详细地追踪自己的费用；根据你的在线行为，《世界报》（Le Monde）会建议报纸向你提供可能感兴趣的内容。分享个人数据最重要的条件当然是你会得到一些东西作为回报。

　　第二个条件是用户给予权限。这并不意味着网站必须为每个操作向你申请许可。以信息包为例。信息包是网站放置在你计算机上的文件，当你再次访问某网站时，它们能令网站识别你。信息包可以使你用首选语言查看网站或记住你的互联网设置。实际上，每个网站都不可能一次又一次地向你发送信息包的使用请求，这样会影响用户体验。首先，用户必须知道权限的用途，并且该权限必须以透明和易于理解的方式提出。当我在安装新的应用程序时，我必须给予许可才能让它访问我的联

---

　　*　译者注：Waze 是一个免费的交通导航类应用，目前其用户已遍及全球约 190 个国家。Waze 利用移动设备的 GPS 信息来获取有关路面交通流量的信息，从而向汽车驾驶员提供更好的行车路线。

系人列表、图片、地理定位数据，这让我感到很不舒服。所有这些选项通常都是应用程序正常运行所必需的，但在大多数情况下，我们并不是同时使用它们。我认为，如果应用程序在真正需要时向你发送授权请求，它会更有意义并且更容易被接受。例如，当你想要拍照时，应用程序可能在得到你的许可之后才有使用相机镜头的权限，并且在你赋予了许可权限之后才能分享照片。这是我们控制它的唯一方式。此外，也许你不希望某个应用程序的创建者记录你所在的位置，不希望银行记录你的付款数据，或者报纸出版商记录你阅读过的文章，你必须能够拒绝此类请求。结果是你可能无法访问某些服务或应用程序，但这是个人选择。

数据保护技术

公司不仅应该确保正确处理你的数据，还必须表明自己正在竭尽全力地保护你的数据。公司可能对隐私权有严格的政策，但如果客户数据不受保护且容易被意图不轨的人获取，这样政策就没多大用处。这是现代世界面临的最大挑战之一。

今天，黑客攻击不再是规则外的特例。2017年，超过20万台计算机被 WannaCry* 勒索病毒感染。之后，黑客要求受害者

---

　　* 译者注：WannaCry，一种"蠕虫式"的勒索病毒软件，大小3.3MB，由不法分子利用美国国家安全局泄露的危险漏洞"EternalBlue"（永恒之蓝）进行传播。

必须支付"赎金"才能再次访问他们的计算机。据欧洲刑警组织（专门打击犯罪的欧洲机构）称，这一前所未有的攻击主要针对的就是公司，而它只是众多例子中的一个。

黑客削弱了公众对数字化的信任。这就是为什么公司必须竭尽全力保护自己的数据和客户的数据。谷歌保护其数据中心的方式充分证明了这一挑战。我将从对网站的物理保护开始，它就像一个受到永久保护的堡垒。此外，还有网络安全。人们使用最新技术对数据进行加密，并且任何单个个体的数据都分布在不同数据中心的多个服务器上。即使黑客碰巧成功窃取了数据，他们仍然无法使用且难以辨认这些数据，而且他们永远无法获得一个用户的所有数据。

打击黑客行为是一场持续不断的斗争，需要大量的知识和大量的投资。对于小公司来说，建立这样一个系统往往是不可能或无法承受的。这些中小企业的最佳解决方案是将其信息保存在云服务中，而不是保存在自己的服务器上。微软、亚马逊、IBM、法国 OVH * 或谷歌等大公司都提供这些类型的云服务解决方案，并拥有相应的措施和专业知识来保持其安全系统的更新。

强密码的重要性

公司有义务保护自己的数据和客户的数据，但我们也有责任

---

　* 译者注：法国 OVH 是法国最大的数据中心运营商，在全球拥有 17 个数据中心，遍布整个欧洲城市地区。

保护自己的数据。在数据保护方面，用户本身往往是最薄弱的环节。一家专门从事计算机安全的公司赛门铁克（Symantec）指出，在2017年，网络犯罪分子已经从9.78亿受害者中窃取了1460亿欧元。这通常涉及身份盗用、信用卡欺诈或密码盗窃。"在全球范围内，网络犯罪的受害者也有类似的情况。他们拥有连接家庭设备的可能性几乎是非受害者的两倍，但在网络安全基础方面却存在盲点。例如，网络犯罪受害者倾向于在所有的在线账户中使用相同的密码，这降低了使用安全密码的价值。"赛门铁克解释道。[100]此外，许多人已经向第三方提供了至少一个密码，并且他们的密码通常非常"弱"。数据安全管理公司SplashData每年都会盘点最常用的密码，这些也是黑客最容易破解的密码。近年来，最常用的密码是"123456"，其次是"password"和"12345678"。[101]个人密码，例如你孩子的姓名或出生日期很容易被黑客发现，因为大部分信息都可以在社交媒体上获取。真正有效的保护是为每个用户的每个单独账户提供不同的又长又复杂的密码。

2012年，比利时银行业联合会Febelfin发布了一部教育短片，引发了大量关注。短片中的主要角色是占卜师戴夫。布鲁塞尔的市中心安装了一个白色帐篷。行人被邀请来见戴夫。他们被告知戴夫可以读出他们的想法，并且这个过程将被拍摄为电视节目。当参与者们听到戴夫有多了解自己时，他们感到很惊讶。例如，戴夫知道他们的摩托车的颜色，他们最好的朋友的名字，或者他们交往过的伴侣的数量。他能够描述他们的房子的样子，知道他们的银行账号，他们有多少钱，以及他们在衣服上的花销。在见面结束时，他们发现隐藏在幕后的黑客团队已经查阅了有关自己的所有信息。屏幕上显示出一行字："你的整个生命都是在线的"。参与者们不禁惊叹网上究竟有多少关于他们的信息。[102]

"为了发展，数字经济需要信任和安全。终止某些非法行为是不够的。用户还必须知道他们应该做什么和不应该做什么，以此来保护自己。每个人都知道应该永远锁住自己家的门，但是很多公民不知道如何保护他们的线上数据。"比利时副总理亚历山大·德克罗（Alexander De Croo）在教育网站 cypersimple.be 推出后说道。[103]该网站是消费者协会 Test-Achats、比利时政府和谷歌之间密切合作的结果，旨在鼓励公民加强在线保护。互联网是一个令人惊叹的工具，可以实现伟大的发现，以及创造和协作的机会。但是，为了尽可能地以最佳方式使用它，确保安全非常重要。

隐私权比以往任何时候都更加重要。当然，我们必须尽一切努力使我们的社会不再变成一个"老大哥"社会。不管怎样，欧洲联盟出台的《通用数据保护条例》（*General Data Protection Regulation*，简称 GDPR）是一种法律工具，旨在为该领域提供明确的方向，促进各方和谐发展。

我们正走向一个监控摄像头无所不在的社会。这些监控对增强安全性特别有用。它们的存在使许多罪犯望而却步。此外，某些监控还配备了面部识别系统。[104]这会非常有用，例如使用面部识别技术在演唱会上搜索粉丝中的跟踪狂。[105]

这吓到你了吗？在这种情况下，请考虑物联网，它会记录你与安装在家中的设备的所有交互行为，并将"监控"提升到一个全新的水平，因为你将在整间屋中使用智能扬声器和摄像头。当然，这些设备将会连接到互联网，同时也会产生许多好处和坏处。近年来，作为物联网一部分的设备似乎很容易成为恶意用户的目标。2015 年，两名计算机黑客向美国科技杂志《连线》（Wired）展示了如何远程控制吉普切诺基。他们能够让车停下来，打开挡风玻璃雨刮器、收音机和空调。最后，制造商不得不召回 140 万辆汽车。一年后，索尼生产的近 80 台安全摄像机被发现存在故障，这些故障让网络犯罪分子能够访问用户的照片。2017 年，韩国 LG 电子公司在其生产的机器人吸尘器中发现了"漏洞"。一名黑客已经能够控制安装在 LG 生产的设备和其他智能设备中的小型摄像机，如冰箱和空调系统。同年，人们发现玩具制造商 Spiral Toys 显然无法保证能对话的泰迪熊的安全性。父母可以将泰迪熊连接到智能手机上，从而远程与孩子交谈。然而，数百万次的谈话被窃听了。[106]

这是阻止技术演变的一个理由吗？不，当然不。人们将继续购买这些设备。但是，它们必须被确保是安全的。安全和保护隐私权对每个人来说都很重要，尤其是对（互联网）公司、公共机构和公民。我们生活在一个全新的世界，它为我们提供了许多机会，但同时也产生了一些危险。我们必须共同面对这一点，以便继续从这些新技术所提供的极大的优势中受益。让我们一起把数字帝国建造成一个安全的国度吧。

我们必须共同面对这一点，以便继续从这些新技术所提供的极大的优势中受益。

第三部分
重塑欧洲

第十二章　过去为我们指引未来的路

我们可能已经忘记了，在过去，我们曾经多次重塑自己，欧洲也曾经是国际舞台的中心。当时的情况并不像那些老一代所声称的那样好。在过去的几百年里，我们确实取得了进步，但是我们失去了野心和梦想。然而，这正是我们今天需要做的事情：敢于梦想。为什么我们不能重新点燃我们的激情？只要鱼缸够大，鱼就会不断生长。就像孩子需要空间来成长一样，员工必须有机会去进步，独立的企业家和公司如果不被鼓励这样做就不会有发展。

在欧洲国家，我们的政治家和商界领袖的梦想被限制在一个狭小的空间里。为什么欧洲的科技和生物技术公司在它们足够强大、可以走向国际的时候，往往更愿意被外国股东接管？

我们需要投资者展望未来30年而不仅仅是3年或5年。我们还需要法律保障和一个较为稳定透明的财政体系。我甚至还没有谈到增强社会流动性和提供优质教育的需求。但野心是主要的成功因素。我们有足够的财力，但我们必须愿意吸引全球的参与者。整个欧洲都将受益于此，它将刺激就业市场，进而增加知识经济中研发的可用手段，让其他公司也可以从中受益。

公司就像金鱼，它们会适应环境。在池塘里，金鱼有足够

的空间来生长，它们可以存活长达 30 年，长到 40 厘米。但在
鱼缸里，它们会慢慢死去。我们必须有建立一个大型池塘的雄

野心是主要的成功因素。 心壮志，在那儿，我们的公司将能够继
续在自己的水域中成长，成为全球性的

参与者。数字帝国拥有 40 亿公民和消费者，欧洲已经有 5 亿，
让我们扩大这个数字，并为我们的国家、公民和公司提供这一
巨大的潜在客户群。

两位比利时人如何在 1895 年发明互联网……

大约 120 年前，有两个人开始了一个有远见的项目。备受
推崇的科学杂志《自然》（*Nature*）将其中一位称为"被遗忘
的互联网先知"[107]，法国报纸《世界报》称其作品为"纸质谷
歌"，而谷歌将其视作互联网的精神之父。他就是保罗·奥特兰
特（Paul Otlet），于 150 年前出生在布鲁塞尔。

奥特兰特最大的梦想，是通过收集所有自印刷机发明以
来已发表的参考文献，来关联起所有知识。在遇到律师、政
治家与和平主义者亨利·拉方丹（Henri La Fontaine）之后，
他的这个梦想成形了。拉方丹同样来自布鲁塞尔，一生都在为
和平组织工作。他还是最古老的国际和平组织——国际和平局
（International Peace Bureau）的主席。1913 年，他获得了诺贝
尔和平奖。此外，他还参与了联合国的前身——国际联盟
（League of Nations）的创立。

陈列在曼达纽姆博物馆中的 1800 万个索引卡片的一部分

　　保罗·奥特兰特和亨利·拉方丹深信，增加人们的知识可以促进世界和平。于是他们成立了国际文献联合会，后来被命名为曼达纽姆（Mundaneum）。该组织创建了一个巨大的档案馆。1895 年至 1934 年间，在国际合作者网络的帮助下，1800 万个文件被收录进这个档案馆。它们被存放在带有超过 15000 个抽屉的特殊橱柜中。当这些档案被转移到世界宫殿（1920 年布鲁塞尔五十周年纪念公园的一部分，现在是汽车世界博物馆）时，需要 100 多个房间才能放下。市民可以通过邮件或电话索取信息。下面的旧照片展示了穿着长裙的员工是如何在数千个橱柜中搜索信息的。它们实际上相当于当时的谷歌或维基百科。为了实现这个项目，保罗·奥特兰特想出了一个用于书籍分类的新系统。它基于一段代码，该代码代表了某本书或某篇文章的所属学科。该系统被命名为通用十进制图书分类（UDC），目前在世界各地的公共图书馆和科学图书馆中仍被广泛应用。

国际信息和文献联合会的一张照片

在今天相当于 IT 技术人员的保罗·奥特兰特还有别的梦想。他是一个有远见的人。1906 年，他为手册《一本书的方方面面》（*Les aspects du livre*）写了一段关于便携式电话的详细描述："未来，电话将没有电线，就像电报一样。谁能阻止我们相信它呢？书籍将经历一场新的转变。我们中的每个人都会在口袋里放一个小接收器，通过转动按钮，我们将能够与每个发射器的频率保持一致。"[108]奥特兰特继续详细说明用于发送此信息的新方法和媒介形式。1934 年，他出版了他最著名的作品《有关记录文件的教科书》（*Traité de documentation*），主要撰写了关于"传真电报书"（Telephoto book）的文章，这实际上是对我们今天所谓的视频会议的早期描述。奥特兰特还描述了"电子望远镜"如何通过可以发送信息的网络将我们连接起来。他还提到如何在与电视屏幕惊人相似的屏幕上显示这些信息。他甚至预测人们会共享文件并互相发送虚拟的赞美。可以说，这像是过去的"点赞"按钮。美国研究员和互联网大师亚历克斯·赖特（Alex Wright）曾说："奥特兰特是世界上第一个预测全球信息网络发明的人。他把这一点展开到了最小的细节。"[109]在某种程度上，奥特兰特是他那个时代的达·芬奇。他非常详细地撰写了关于数字技术的文章，尽管这在那个世纪是绝对不可能被实现的。

奥特兰特是一个理想主义者。他幻想出一个环球城市，这个城市必须建立在知识中心、艺术中心和奥林匹克中心的周围，由国家大道连接。这个城市必须能容纳来自世界各地的100万人，他们将相互沟通并分享知识，从而奠定全球和平的第一个里程碑。奥特兰特认为，这不是一项乌托邦式的工程。他有实现梦想的野心，甚至还与著名的建筑师勒·柯布西耶（Le Corbusier）一起设计了这座城市的地图。奥特兰特希望他的大都会成为全球政府的所在地，这个政府是基于1920年的国际联盟建立的。奥特兰特认为布鲁塞尔、安特卫普和日内瓦是他可以建立全球城市的潜在地点。几年后，他与勒·柯布西耶一起试图为他的项目寻找融资，但这仍然是一个乌托邦式的理想——

即使我们今天有了这样一种虚拟的全球城市：互联网。

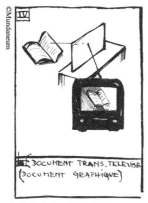

这两位年轻的比利时人保罗·奥特兰特——互联网的精神之父、亨利·拉方丹——诺贝尔和平奖获得者，想要把全世界的知识收集到通用十进制图书分类系统中。

正如他们为虚拟城市所做的努力那样，奥特兰特与拉方丹失去了对曼达纽姆（Mundaneum）项目的所有支持。1934 年，政府关闭了世界宫殿。档案不再向公众开放，奥特兰特则继续在家里制作他的全球档案。在第二次世界大战期间，德国人摧毁了大部分档案，其余档案都被转移到遍布布鲁塞尔各地的多个存储设施。奥特兰特亲眼目睹自己一生的工作成果付之一炬，但他仍继续这项事业，直到 1944 年去世。那时，世界已经完全忘记了他。1996 年，档案馆剩下的那些仍有 6 公里长的文件被移至比利时蒙斯市，在那里开设了一个名为曼达纽姆的博物馆。2016 年，它被正式认可为欧洲遗产的一部分，也是塑造我们今天所认识的欧洲的重要一步。奥特兰特与拉方丹的遗产终于获得了应得的认可，并且应该被用作灵感的源泉。曼达纽姆和全球城市正是我这个作品的书名《数字帝国》的主要灵感来源。我也相信信息获取最终将带来世界和平与繁荣。现在，我们有办法去实现这两位有远见的大师的梦想。今天，我们必须有同样的抱负。

一个弗拉芒派的重塑例子

我们可以问自己一个问题：欧洲是否未能实现全面数字化，以推动中国和美国的发展？我不这么认为，作为一个案例。我想讨论一下 20 世纪 80 年代法兰德斯 * 的技术发展。

在 80 年代初期，弗拉芒经济陷入了僵局。弗拉芒政府不想袖手旁观，为了回应加斯顿·海恩斯（Gaston Geens），他们提出了一项雄心勃勃的计划，以重塑经济。该计划被命名为"法兰德斯的第三次工业革命"（DIRV）。它的提出是为了支持受到日本机器人产业威胁的行业，而且还提供了一项旨在将法兰德斯转变为高科技地区的重要计划。最初，该计划被认为是用于更新弗拉芒工业行业的，因此专注于 8 个领域（电信、自动化、机器人、航空航天、替代能源、医疗设备、农用工业和工程）的 3 项新技术（微电子、生物技术和新材料）。通过鼓励这些科

＊ 译者注：法兰德斯是比利时西部的一个地区，人口主要是弗拉芒人，说荷兰语（又称"弗拉芒语"）。

技的发展，弗拉芒领导人希望在未来的行业中创造更多的就业机会。因此，该计划适用于整个人类。另一个例子：两年一度的科技博览会——法兰德斯技术国际大会的第一届于 1983 年举办，最后一届于 1999 年举办，共吸引了超过 10 万名参观者。从 1987 年的第三期开始，在根特的新博览会大厅举办的法兰德斯博览会已成为著名的弗拉芒科技活动基地。企业家、制造商和学校纷纷造访法兰德斯科技大会。它激励了成千上万的学生开始学习工程学，也促使工程行业自我改造。我们把法兰德斯目前的功效和繁荣归功于此。法兰德斯科技已成为一个家喻户晓的名词。第一届法兰德斯技术国际大会的第一版海报"机器人和人类之间的握手"现在已经成为标志性的经典。

©Shutterstock

法兰德斯科技已成为一个家喻户晓的名字。

多家公司和创新计划取得了成功，如 Telenet、Technopolis

和 IMEC（Interuniversity Micro Electronics Center 的首字母缩写）。IMEC 是一家位于比利时鲁汶市的研究所，是欧洲最大的微电子和纳米电子领域的独立研究中心，目前有近 3500 名研究人员在那里工作。这家研究所吸引了来自世界各地的众多才华横溢的科学家，并与 5 所弗拉芒大学的最优秀的研究人员密切合作。他们的研究成果每年可产生 120 多项专利申请。该研究中心还与三星和英特尔等高科技公司合作。"我们的技术几乎运用于所有的电子芯片中。我们最近创建了一个能够自学的芯片。这些芯片的功能受到大脑工作方式的启发。例如，如果你用音乐填充芯片，它将学习如何编曲创造。我们的目标是在众多应用中使用这项技术，例如快速诊断心律失常。"IMEC 的 CEO 吕克·范登霍夫（Luc Van den Hove）解释道。[110]这说明了一项鼓舞人心且具有吸引力的创新举措将如何为长期成功奠定基础。今天，我们依然急需创新。

第十三章　欧洲需要新的野心

与世界其他地区相比，我们欧洲的表现可能太好了，但我觉得这种整体性的福利已经导致了一定的僵化：我们正在努力保护我们的成就，逐渐失去创新能力，我们的企业家精神也开始逐渐消失。在快速发展的现代世界中，这种态度是危险的。现在，我们应该奋起追赶数字化浪潮，必须快速行动才能成为该领域的领先者，这是我们维持繁荣的最佳方式。但欧洲在数字世界中又处于什么样的地位呢？

为什么硅谷不在欧洲

欧洲不是当前数字化转型的核心。美国和中国的大型互联网公司处于领先地位。排在首位的是亚马逊、谷歌和脸书，其次是来自竞争对手中国的京东、腾讯和阿里巴巴。名单上第一家上榜的欧洲公司排在第 15 位，是西班牙在线旅行社ODIGEO。德国公司扎兰多和瑞典公司 Spotify 也位居前 20 名之列。[111] "人们可能担心欧洲与美国和中国巨头不在同一个联盟。这令人担忧，因为欧洲无法与它们竞争。欧洲没有类似于谷歌、阿里巴巴或脸书这样的公司，这证明了欧洲的市场运作不顺，而且欧洲并非真正的独立市场。由于多种语言和国家立法之间缺乏协调，很难在欧洲国家建立公司，然后再在欧盟其他国家开发。"技术领域专家彼得·欣森（Peter Hinssen）认为。[112]美国和中国的公司在数字领域取得成功的原因之一是它们可以进入一个庞大的内部市场。中国有近 14 亿居民，而美国有 3.26 亿人口。美国和中国的互联网公司甚至在它们跨界发展之前就已经拥有大量潜在用户。欧盟拥有 5.16 亿居民，欧洲市场的潜在用户比美国更多，人均收入高于中国。因此，欧洲有可能成为数字公司蓬勃发展的市场，但不幸的是，现状并非如此。在欧洲，没有政治的连贯性，所以也没有统一的数字市场，这是以牺牲我们自己的公司为代价的。

我们可以协调欧洲的法律，这将是一个很好的起点。在波兰的某个人可能会开发出很好的网上商店，这完全符合波兰有关增值税的法律，但为了在另一个国家发展，同一家网上商店必须遵守完全不同的规则。这种问题阻碍了欧洲国家的网络公司超越自己的边界并迅速发展。这在数字经济中不是一个好情况，因为真正的挑战通常在于尽快实现盈利。怀疑论者认为，欧洲目前的行政混乱是对抗大型国际参与者的最好保障，但与此同时，我们也意识到了它的负面影响。它并未阻止亚马逊、苹果、脸书和谷歌在欧洲取得强势优势。这些巨头有办法雇佣一支精通欧洲法律的律师队伍，而我们的中小型企业正闯入一个死胡同。

此外，与美国和中国相反，欧洲长期以来缺乏创新的重要推动力。我想讨论一下国防领域的发展。我们可以提出许多道德和人道主义的论点来反对我们在国防领域的大量投资，但我们不能否认，在美国，这个部门是创新的重要推动力。

创建互联网所必需的技术最初通常服务于军事目的。这同样适用于 GPS。如果没有美国和俄罗斯之间的核军备竞赛，甚至连第一次登月也不会发生。彼得·欣森就此问题表示："欧洲没有军事力量，我们只不过是一个市场而已。"[113]然而，也不能说欧洲根本不投资国防。"欧洲的真正问题在于分裂。28 个欧洲国家每年在国防军事上总共花费 2000 亿欧元，但是这笔预算的很大一部分都被浪费了，因为我们有 28 名国防部长，他们有各自的工作人员、军校、供应结构等。"根特大学的斯文·比斯科普（Sven Biscop）教授解释道。[114]一个统一的欧洲军队肯定会创造更大的价值，原因如下：一方面，我们的国防和地缘政治战略对美国的依赖程度将有所降低——鉴于最近的发展状况，这种必要性变得更加迫切；另一方面，这将使我们能够以更有效的方式来运用投资于国防工业的资金。幸运的是，我们正逐渐向欧洲军队的方向发展。2017 年秋季，23 个成员国签署了一份历史性的欧洲防御条约。它们不仅会在军事方面更紧密地合作，还会协调各方的军费开支和运作。这使我们离构建整个欧洲的实际防御体系更近一步，即使事情可以（并且应该）更快地发展。防御内容包括网络安全、打击恐怖主义、边境安全和其他合作等。各成员国已经调动了巨额预算，如果将它们投资于创新的国防项目，可能会引起动态变化。

除了缺乏单一的数字市场和共同的防御政策外，文化因素也阻碍了欧洲的创新。随着时间的推移，我们习惯于按照规则缓慢进步，但这使我们处于严重的劣势。自第二次世界大战以来，欧洲已经成功地推动经济繁荣发展，这意味着欧洲的繁荣程度普遍有了显著提高。其结果是，欧洲更注重维护自身积累起来的财富而不是创新。这是我们文化的一种禁锢。欧洲人比美国人更害怕承担风险，这已经不是什么秘密了。这使我们处于不利地位，因为这场新的工业革命将特别奖励冒险者。

数字战略

公共权力机构在我们社会的数字化转型中发挥着至关重要的作用。它们必须识别机会，鼓励公司发展，并将由这种转变造成的不利因素降至最低。数字革命与之前的工业革命具有相同的路径，其中权力机构为工业社会量身定制的新社会框架发挥了关键作用。这种框架是必要的。工厂的大量工作和过度的城市化导致人口密集的城市出现严重的卫生问题，这导致了不健康的生活环境并引发社会动荡。城市被迫彻底改变。大规模生产的兴起与剥削工人密切相关，这也迫使政府制定更多的社会法律和社会保障制度。内燃机的发明和工业规模的汽车生产从根本上改变了移动性，这一切都需要全新的基础设施。甚至连民主也发生了变化：新的社会发展和两次世界大战迫使政治体制通过扩大投票权等其他方式自我更新。这些仅仅是工业革命可能引起的社会变革的几个例子。一百年前，我们必须支持社会，以帮助它从农业化经济向工业化经济发展；三十年前是计算机化和自动化的时代；而今天我们正从工业社会转向数字社会。公共权力机构需要再次发挥重要作用。

数字化转型成功的必要条件是什么？经济发展和繁荣未来的秘诀是什么？一切都始于教育。目标是每个人，无论是年轻人还是老年人，都将拥有必要的数字技能。只有这样，我们才能从数字经济为我们提供的所有潜在利益中获益。这个新经济并不仅限于创建一系列初创公司，而且还必须整合所有的公司和部门。初创公司当然很重要，因为它们在数字经济中是全新的。现在的创业公司可能就是明天的数字巨头。但是，它们必须有机会成长并获得足够的投资资本。我们完全有可能通过其他解决方案移除妨碍公司和消费者的法律障碍，来激发数字革命的发展。我们还必须有成为数字医疗保健领域的领导者的野心。人工智能、移动技术和物联网为各种新的可能性打开了大门。不仅私营部门必须成为数字世界的一部分——这也是公共机构的责任——公民和公司都应该以用户友好的数字化方式履行对公共权力机构的行政义务。此外，基础设施必须具有卓越的品质。国家的每个角落都需要覆盖移动互联网（最好是5G，现在最快的连接方式），并且必须尽快部署超快速互联网。安全和隐私保护也至关重要，只有公民和公司对其在线数据的保护有了足够的信任，数字经济才能充分发挥其潜力。

在欧洲层面，我们必须创建一个真正的独立的数字市场，以便我们的互联网公司能够更快地发展并与美国和中国的科技公司竞争。雄心勃勃的国防政策，伴随着对欧洲科技行业的重要投资，也可以成为技术创新的重要推动力。

法律必须允许试验

数字革命迫使权力机构走在刀刃的边缘，法律可能阻碍新数字技术和创新举措的发展。因此，必须要制定规则。在没有规则的经济体中，我们将面临无节制的行为，而这迟早会产生严重的问题。2008 年的金融危机遗憾地提醒了我们这种情况。在美国投资银行雷曼兄弟（Lehman Brothers）破产之后，整个世界很快面临了毁灭性的后果。"雷曼兄弟运作不佳的原因是金融业和整个经济出现了过多错误。经历了经济长期增长的低利率时期，即所谓的大稳健时期，公司不再意识到风险，而公司中的大多数人认为他们可以轻易从中获益。对金融放松管制最终会导致公司倒闭。"这是弗拉芒语经济报《时间》的分析报告。[115] "一个由芝加哥经济学院主导的关于金融危机的解释，特别是它认为快节奏的市场可以自我调节。"《自由比利时报》（La Libre Belgique）于 2009 年 11 月 30 日报道，"这种观点可以解释或合理证明为何要以所谓的'有效市场'假设的名义对金融市场放松管制。这是金融风险商业模式传播的直接原因，通过排除所有可能的错误，严重低估了系统内的风险。"

这同样适用于科技创新。为了避免可能的负面后果，规则和法规是有必要的。与此同时，这些规则必须使我们能够从技术创新中获益。这很复杂，特别是当技术仍处于起步阶段时。制定关于全新事物的法律是非常困难的，因为我们不可能知道它们将如何发展。

公共权力机构认为，它们必须通过立法尽快应对新技术的出现。但这往往把对这些技术的控制和管理变得复杂化。例如，硅谷的故乡加利福尼亚州希望成为第一个管制自动驾驶汽车的州。这个起点令人钦佩。通过授权自动驾驶汽车，与美国的其他州相比，加利福尼亚州将从竞争优势中受益。该领域相关的第一部法律早在 2012 年就已颁布，但它的规定非常严格。该法律要求驾驶员一直留在车内，以便在紧急情况下采取行动。其结果是，在加利福尼亚州行驶的所有自动驾驶汽车都配备了一个驾驶员、一个刹车、一个油门踏板和后视镜。这在开始时似乎合乎逻辑，但是这项技术发展得如此迅速，以至于所有这些规定现在都不再必要，而且适得其反。因此，谷歌发现在自动驾驶汽车中使用驾驶员没有多大意义，他们在驾驶过程中很快就会感到无聊，失去注意力，并且通常无法在必要时有效地做出反应。加利福尼亚州的法律规定很快变得无意义。优步也在开发自动驾驶汽车。为了测试无人驾驶汽车，优步搬到了亚利桑那州。最终，加州的监管机构等了 4 年多才改变了之前的法律。[116] 就像科技行业一样，很多人担心加利福尼亚州将失去对创新的控制权，而科技行业是其经济的驱动力。但是，由于想要过快地管理新技术，加利福尼亚州取得了适得其反的结果。

新法律既不能刺激，也不能控制数字化。这并不意味着新技术不能被监管，但在大多数情况下，现有法律的基本原则仍可适用于最新的发展，尤其当这些技术仍处于早期阶段时。只有在明确这些技术将如何发展时，才是时候制定具体的规则。过早地引入过于严格的规则通常会使技术的发展变得复杂，并阻碍消费者充分发挥他们的潜力。在许多情况下，当一些开发项目对消费者有潜在危险时，进行干预可能不是一个坏主意。比利时副总理亚历山大·德克罗对此有一个很好的理解："公共权力机构必须创造一个积极的环境，给予公司足够的自由和信任。我们不知道在未来的 15 年间，市场会是什么样子。即使在今天，公共权力机构仍然经常在消极的偏见和不信任的情形下工作。它们定义了什么是被允许的，然后禁止其他的一切。现在的情况已经不同了。公司和公民希望获得更多自由。政府只应该在出现错误时进行干预。……如果一切都被禁止，那么人们犯错的可能性就会很小，但这也意味着什么都不会去做。"[117]

政府 4.0

政府不仅应该鼓励创新和创造一个可以改革经济的框架，

而且还应该重塑自身。数字革命为公共权力机构提高效率并简化行政管理提供了巨大的机会。许多手续的合理化必将为政府节省大量开销。但这需要一种全新的发展方式。公共权力机构相对"僵硬",这削弱了数字世界特有的快速反应。就像公司一样,公共权力机构必须敢于尝试,更多地与商业世界合作并更快地执行决策。在过去,它们可以自己做所有事情,包括开发新程序。这在事物多年来保持不变的时期是有道理的,但在日新月异的今天,公共权力机构必须更快地做出反应。初创公司可以成为公共行政部门的重要合作伙伴,帮助其实现现代化。另一方面,政府将为这些年轻公司提供新的机会,年轻公司可以利用政府的早期资金资助抓住机遇,加快发展。这肯定比补贴更有效率。

与此同时,公共行政部门必须制定良好的数据政策,而不仅仅满足于坐拥大量数据。这就是我想为开放数据提供充分理由的原因。公民必须支付公共服务费用。因此,将收集到的数据发回给他们是有意义的。最近在比利时投票通过的一项法律规定,政府收集的数据原则上是公开的,并且可以访问,除非它涉及个人数据。所有这些数据都可以为非常有用的应用程序的开发奠定基础。我们以火车时刻表为例。如果所有这些数据都是公开的,公司可以为旅行者开发应用程序。通过这种方式,公共权力机构可以为社会提供优质服务。奇妙的想法即将在各地付诸实施。例如,在许多城市,人们可以以数字形式申请大多数文件，这样他们就不必再在桌子后等待或排队数小时了。不幸的是，很多地方都还没做到这一点，因为有些人仍然使用他们自己的系统。爱沙尼亚是一个很好的榜样，也是灵感的源泉。当这个拥有近130万居民的小国于1991年从苏联独立时，它坚决地将其公共服务数字化。爱沙尼亚人在网上运作很多事项，他们甚至可以通过互联网投票。在互联网上唯一不能（尚未）完成的事情是：结婚、离婚，买房或卖房。在学校里，孩子们从很小的时候开始学习编程，这使得这个国家值得被称为欧洲硅谷。爱沙尼亚已经证明了小国和创新性是可以并存的。

欧洲首席数字官

我们必须在欧洲的数字领域进行根本性的变革。目标显而易见：实现数字化。公共权力机构在这一转变中发挥着关键作用。我听说一个瓦隆的连续企业家皮埃尔·里翁（Pierre Rion）多次谈道："我们可以将公共权力机构的角色比作我们用来烧烤的引火器。权力机构必须扮演引火器的角色。没有引火器，烧烤碳很难被点燃，但是当火势蔓延时，它们就要消失。"公共权力机构必须受此启发，并以高度针对性的方式支持数字化转型。它们应该为未来制定明确的愿景，建立新的社会框架，激励创新，并为此提供有针对性的补贴——但不要让这些补贴成为一次性的支持手段。

为了激发和理解欧洲的所有这些数字举措，我建议任命一名 CDO（首席数字官），类似于瑞典在 2018 年初的做法。英国也任命了一名首席数字官，尽管名称不同。一年前，丹麦任命了一名大使，作为该国在硅谷的代表。[118]首席数字官可以协调数字战略并让欧洲重新回到世界版图上。当首席数字官受益于无条件的政治支持时，他或她可以将数字化作为各国政府的首要任务。这并不容易。但只要有了明确的目标和紧迫的期限，就可以为数字化发展带来重大推动力，特别是与我们今天的分散化的方法相比。但政府无法单独做到这一点。公司也应该认识到新科技的潜力并对其进行投资。每个人都有责任了解自己身边发生的事情，并尽快使之数字化。

只有心怀梦想，才能实现梦想。

——沃特·迪士尼

欧洲是时候展露新的野心了

采取行动
——欧洲"登月计划"

我不打算谈论政治，但我对强大的欧洲有坚定的信心。如果在更高层次上解决某些问题更有效，我认为没有理由不这样做。我并不是多么雄心勃勃地想要提出欧洲应该采用的计划。但还请允许我——用创业偶像安德烈·莱森（André Leysen）曾经"故意诙谐"的话来说，提出能够激励或让政治家和读者思考本书的建议。如果这些建议可以促成完全不同的想法，我也会很高兴。我想提出的关键点是，我们需要加快行动速度。数字化为欧洲，为我们的公司，也为公民和社会提供了巨大的机会。我希望能说服你相信这一点。我们的起点很稳固，可以自信乐观地将我们的世界数字化。我们拥有必要的资金与高水平的教育，我们的专业知识储备是巨大的，我们的互联网基础设施大部分质量很好。所以，没有什么能阻止我们采取主动措施。

为什么我们不能制定雄心勃勃的计划，使欧洲能够在数字帝国中发挥核心作用？为了实现这一目标，我们必须继续开展人工智能方面的工作。这个领域是数字世界将面临的下一个重大发展。谷歌 CEO 桑达尔·皮查伊表示："人工智能可能是人类开展的所有工作中最重要的一项。我认为它比电或火有更为深远的影响。"[119] 对于互联网先驱来说，投资人工智能研究和开发新应用至关重要。这也应该是我们的两个首要任务。许多其他大公司已经开始这样做了。为什么我们国家的 CEO 和政治家们不这样做呢？人工智能是一个正在发展的重要市场，从经济角度来看，成为其中的一部分是非常聪明的举措。此外，我们必须为未来做好准备。人工智能迟早会成为我们日常生活中的一部分，这必然会引起伦理道德问题。保护我们的规范和价值观的最佳方式是在该技术的发展中发挥主导作用。

如果公共权力机构在数字化和人工智能的发展领域制定明确的愿景，各国政府也将为这个目标协调其战略措施，那么它可能成为我们经济和整个社会的一个重要推动力。我们的目标应该是发展专业知识，吸引高层次人才，并在我们的所有行业中引入人工智能。欧洲有许多研究机构和专家，但这些机构和专家分散在不同的国家和大学。我们必须组合我们的优势和不同的专业领域的专家，例如，创建一个"人工智能虚拟大学"，所有知识中心都可以为此做出贡献。下一步是为与人工智能相关的项目开发创造一个鼓舞人心的环境。最后一步将涉及——通过全面的国际交流计划——告知我们的公民和整个世界，我们的目标是成为全球人工智能的知识中心。

保护我们的规范和价值观的最佳方式是在该技术的发展中发挥主导作用。

这样一个计划可能会让年轻人开始学习科技或科学。它将鼓励公司更快地发展并适应新的数字世界，也将激励员工参加新的培训课程。这个计划将鼓励企业衍生出新的业务和子公司，也将为投资者和天使投资人＊在新兴市场创造机会。这个计划将刺激公共权力机构和主管部门提供更有效的、用户友好的服务，也将吸引更多人才和外国投资者来到欧洲。

这个项目叫什么名字并不重要，所以我简单地称它为"数字帝国"（Digitalis）。但是，如果公共权力机构要制定一个雄心勃勃的愿景（比如"登月计划"），我们的政府就需要将其战略与这个目标结合起来。这项计划可以激励很多人，并在前面提到的首席数字官的支持下创造一个全新的动力。

目前，欧洲的数字化发展有点落后，但如果将所有的努力都集中在人工智能上，我们就可以重新领先。我们已经掌握了实施这个计划的所有拼图，现在我们唯一缺乏的就是对于实施计划的渴望。

敢于再次梦想尤为重要。我经常听到政治家们说同样的话："我们没有预算""我们正在努力""还没奏效，因为能力被分散了"或者甚至是"真的有必要这么做吗"。我经常提到约翰·肯尼迪（John F. Kennedy）的一句鼓舞人心的话："我们选择在

＊ 译者注：天使投资人（Business Angel），是具有丰厚收入并为初创企业提供启动资本的个人。

这十年中登月和做其他事情，不是因为它们很容易，而是因为它们很难。因为这个目标可以组织和衡量我们最好的能量和技能。这个挑战是一个我们愿意接受的挑战，也是一个我们不愿意推迟的挑战，更是一个我们打算获胜的挑战……"让我们实现这个数字梦想，不是因为它很容易，准确来说，而是因为它很难。因为这是发现我们的知识和技术究竟可以带我们走多远的最佳方式。它可以让我们分享相似的目标，也将超越我们所有的差异。让我们憧憬吧。如果我们希望有一天能够触摸星星，我们必须登上月球。

当然，在实现梦想的过程中，我们总会面临实际的障碍。会发生什么呢？我们怎么解释各种问题呢？隐私权如何？安全问题如何？在我们敢于开始之前，我们都希望得到这些问题的答案。不幸的是，我们已经没时间去回答问题。我们生活在一个从经验中学习的世界里，在这个世界，我们失败是为了在回来时变得更强大。这也是大获全胜的美国和亚洲科技公司的战略。如果我们不这样做，我们将被它们的新数字技术淘汰。因此，我们应该致力于成为这些技术的构想和研发的一部分。一切问题的答案在于掌控我们的数字化未来。我很清楚各国政府的预算限制，但我仍然相信，通过批判性地重新审视目前的投资以及重新调整我们的数字化投资战略，我们能够获得很大的成就，这才是我们的未来。例如，我们可以将用于道路基础设施的投资重新定向到智能移动，这样一来，我们就可以确定移动性将在接下来的十年内得到发展。又或者，我们可以将当前的教育预算投入到对未来有用的培训计划中。

通过这些明确的雄心勃勃的项目，我们将让每个人都知道，我们可以动员 5 亿欧洲人来共同面对数字化挑战。敢于梦想并努力让这些梦想成真，这是幸福的关键。这将带给你希望和激情，也是打击民粹主义、极端主义和保守主义的最好办法。

我们错过了诺亚方舟吗？根本没有。这次演变（革命）甚至还没有开始。今天，有 40 亿人通过互联网相互联结在一起，到 2020 年，这个数字将达到近 50 亿人。从长远来看，全球人口将相互联结。这意味着我们目前只处于互联网的初期阶段，现在登船自然一点都不晚。让我们开始吧，带着强烈的愿景和成功的决心。

致　谢

没有大家的支持、帮助和贡献，这本书是不可能完成的。以下是我要特别感谢的人。

首先，感谢我的孩子玛农、内利（Nelly）、路易（Louis）和洛拉（Lola），他们代表了未来。在我写这本书的时候，我没有陪在他们身边。

感谢我的搭档安妮·德韦尔特（Annie Deweerdt）在精神上的支持和后勤方面的保障。

有一天，我产生了一个疯狂的想法——与米希尔·萨莱茨（Michiel Sallaets）合著一本书。卡佳·德格里克（Katya Degrieck）认为这是一个好主意，并让我与出版公司 Lannoo 及 Racine 联系。

我要特别感谢斯文·冯克（Sven Vonck），他是一名伟大的作者。

感谢 Lannoo 和 Racine 对这本书的信任，尤其是马尔滕·范斯滕伯格（Maarten van Steenbergen）和利芬·塞尔屈（Lieven Sercu）。还要感谢劳拉·兰努（Laura Lannoo），他一直跟进整个写作过程和最后的编辑阶段。这是劳拉、斯文和我出版的第一本书。一段全新的体验，我希望你们体会到了。

致伊德里斯·阿贝尔坎、彼得·戴曼迪斯、彼得·欣森、奥马·莫霍特（Omar Mohout）、约翰·努尔贝里和斯蒂文·范贝拉翰（Steven van Belleghem），他们给了我灵感。安德烈·莱森的书《危机是挑战》（*Crisissen zijn uitdagingen*），也是我这本书灵感的源泉。

致校对者和专家，他们为本书内容贡献了许多或向我提出了更高的要求：

»»» 整个项目：马克·詹斯（Mark Janssen），米希尔·萨莱茨

»»» 荷兰语版本：卡佳·德格里克，派姬·范勒热（Peggy van Laere）

»»» 法语版：皮埃尔·海尔茨（Pierre Geerts）博士，埃兰·葛兰切（Alain Gerlache），罗伦斯·乐得瑞奇（Lorence Ledrich），奥利弗·穆顿（Olivier Mouton）

»»» 英文版：斯蒂芬妮·考普（Stephanie Kaup）

»»» 媒体：卡佳·德格里克，居伊·德尔福热（Guy Delforge）

»»» 医学：皮埃尔·海尔茨博士

»»» 教育：斯文·马斯特布斯（Sven Mastbooms）（LAB）

»»» 移动性：卡蒂·马查瑞斯（Cathy Macharis）（荷兰布鲁塞尔自由大学）

»»» 住房：莱拉·兰德米特斯（Laila Landmeters），托马斯·科尔斯（Thomas Cols）（Areal Architecten 事务所）

>>> 零售和营销：罗埃尔·尼森斯（Roel Naessens）

>>> 金融：安东尼·贝尔佩尔（Anthony Belpaire）

>>> 安全和隐私：弗朗索瓦·吉尔松（François Gilson）

>>> 收入不平等：科恩·德列乌斯（法国巴黎富通银行）

本出版物的版权收入将全部捐赠给非营利组织 BeCode。该组织为年轻人提供免费的专业编程培训，无论他们的背景或成就如何。这项举措有利于解决合格的 IT 专业人员的严重短缺问题。我们相信，通过提高他们的能力并提供合适的现实工作，我们可以降低社会激进化的风险。感谢卡伦·伯尔斯（Karen Boers）无尽的活力、她的企业家精神和她的奉献。

注 释

1. https://www. svd. se/svarast-hittills--kan-du-orden-som-stroks-ar-1900/om/de-bortglomda-orden

2. https://www. filosofie. nl/artikelen/michel-serres-ik-wil-een-leraar-zijn. html

3. Peter Diamandis and Steven Kotler, Abundance: The Future Is Better Than You Think, Free Press, 2014, p. 9

4. Max Roser, A history of global living conditions in 5 charts, Our World In Data.

5. Idriss Aberkane, L'économie de la connaissance, Fondation pour l'innovation politique, 2015, p. 9

6. https://www. nagelmackers. be/src/Frontend/Files/userfiles/files/Nagel mackersmagazine_FR_2016-06. pdf

7. https://www. tijd. be/politiek-economie/belgie-economie/Hoe-erg-is-het-dat-jobs-bij-Carrefour-verdwijnen/9976187

8. Abundance, p. 35

9. Johan Norberg, Progress, Oneworld, 2016, p. 213

10. A history of global living conditions in 5 charts, Our World In Data.

11. Ulrik Haagerup, Constructive News, InnaVatio Publishing, 2014, p. 20

12. https://www. economist. com/news/finance-and-economics/21707219-chartingglobalisations-discontents-shooting-elephant

13. https://feb. kuleuven. be/les/ documenten/les17_164

14. https://www. forbes. com/billionaires/list/ # version:static

15. Koen De Leus, L'économie des gagnants, Lannoo, 2017, p. 25

16. Korneel Delbeke 'Zelfs als we alles goed doen, zullen er nog heel veel verliezers zijn', De Standaard, 22 July 2017

17. 'Fuck work: historicus James Livingston versus de kapitalisten', Humo, 13 June 2017

18. Shaping the future of work in Europe's digital front-runners, McKinsey & Company, October 2017

19. Marc De Vos, 'Futurologie de l'emploi', Le Vif, 29 November 2017

20. http://www. businessinsider. com/dscout-research-people-touch-cell-pho-nes-2617-times-a-day-2016-7?internati-onal＝true&.r＝US&.IR＝T

21. https://deepmind. com/blog/deepmind-ai-reduces-google-data-centre-cooling-bill-40/

22. https://futurism. com/kurzweil-claims-that-the-singularity-will-happen-by-204/

23. https://www. weforum. org/events/world-economic-forum-annual-meet-ing-2018/sessions/an-insight-an-idea-with-sundar-pichai

24. Lili Peng and Varun Gulshan, 'Deep Learning for Detection of Diabetic Eye Disease', GoogleResearch Blog, 29 November 2016, https://research. googleblog. com/2016/11/deep- learn- ing-for-detection-of-diabetic. html

25. https://www. wired. com/2017/06/googles-ai-eye-doctor-gets-ready-go-work-india/

26. https://www. scientias. nl/hoe-sequen-ce-genoom/

27. Megan Molteni, 'Everyting You Need to Know About Crispr Gene Edi-ting', Wired, 12 May 2017 https://www. wired. com/story/what-is-crispr-gene-editing/

28. 'Erfelijk materiaal van mens in kaart gebracht', Gazet van Antwerpen, Tuesday 27 June 2000

29. https://www. genome. gov/27565109/the-cost-of-sequencing-a-human-genome/

30. Roel Verrycken, 'Digitale pil houdt dokter op de hoogte', De Tijd, 15 November 2017

31. Jan De Schamphelaere, 'Levens redden met joystick en pedalen', De Tijd, 14 May 2016

32. Elke Lahousse, 'Living together apart', Knack/Weekend Knack, 11 Oc-tober 2017, p. 38

33. https://www. vrt. be/vrtnws/nl/2018/01/05/hoe-zullen-we-wonen-in-2018-/

34. https://www. demorgen. be/economie/belg-heeft-een-hekel-aan-verhuizen-b17f6371/

35. https：//www. vlaamsbouwmeester. be/sites/default/files/uploads/
LIGHT_NL_17052017. pdf

36. https：//www. tijd. be/nieuws/archief/Dit-wordt-groter-dan-het-
internet/9740753

37. http：//www. standaard. be/cnt/dmf20170922_03087623

38. https：//en. wikipedia. org/wiki/Berlin_Brandenburg_Airport

39. https：//www. youtube. com/watch?v=SObzNdyRTBs

40. http：//www. standaard. be/cnt/dmf20170615_02926511

41. https：//www. tijd. be/politiek-economie/belgie-vlaanderen/Vlaanderen-
slooptjobrecord/9982006

42. https：//june. energy/fr

43. https：//nuki. io/fr/

44. http：//www. standaard. be/cnt/dmf20180109_03289742

45. https：//nl. wikipedia. org/wiki/Slimme_stad

46. https：//www. tijd. be/ondernemen/milieu-energie/Megabatterij-van-
Tesla-meteen-aanhet-werk-gezet/9966839

47. http：//inrix. com/scorecard/

48. http：//www. who. int/gho/road_safety/mortality/en

49. https：//www. bruzz. be/videoreeks/bruzz-24-19112017/video-open-brief-
voor-schone-lucht

50. http：//www. standaard. be/cnt/dmf20170602_02909133

51. https：//www. tijd. be/netto/loopbaan/2018-brengt-mogelijkheden-om-meer-
te-verdienen/9967222?highlight=onbelast％20bijverdienen％20inkomsten

52. MITTechnologyReviewhttps：//www. technologyreview. com/s/607841/
a-single-autonomous-car-has-a-huge-impact-on-alleviating-traffic/

53. https：//storage. googleapis. com/sdc-prod/v1/safety-report/waymo-
safety-report-2017. pdf

54. www. waymo. com

55. https：//www. usatoday. com/story/money/cars/2017/11/23/self-
driving-carsprogrammed-decide- who-dies-crash/891493001/

56. https：//www. tijd. be/ondernemen/auto/Tesla-hype-komt-tot-stilstand-

in-Belgie/9848116

57. https://www. vrt. be/vrtnws/nl/2017/12/18/minder-verkeersdo-den-door-meer-telewerk/

58. https://www. tijd. be/nieuws/archief/Atlas-Copco-sponsort-spel-dat-ook- meisjes-warmmaakt-voor-technolo-gie/9932722

59. 'De toekomst van de universiteit', HENRI, September 2015, p. 13

60. https://www. labonderwijs. be

61. 'De toekomst van de universiteit', HENRI, September 2015, p. 11

62. Pieter Haeck, 'Je moet continu bijscholen', De Tijd, 7 September 2016, p. 19

63. https://www. tijd. be/dossier/krant/Te-weinig-bedrijven-beseffen-hoe-snel-dedigitalisering-nadert/9851030

64. http://www. economist. com/node/21531529

65. http://nieuws. coolblue. be/jaarcijfers-coolblue-omzet-groeide-in-2016-met-55-naar-857-miljoen-euro/

66. https://www. trouw. nl/home/oprichter-van-snel-groeiend-coolblue-barst-van-deambitie~a7d57cef/

67. http://www. economist. com/node/13766375

68. https://www. belfius. com/FR/qui-sommes-nous/ambition/index. aspx

69. https://www. tijd. be/nieuws/archief/M-V-van-de-week-Dominique-Leroy/9914182

70. http://www. standaard. be/cnt/dmf20160928_02490293

71. https://en. wikipedia. org/wiki/History_of_Gmail

72. https://www. nrc. nl/nieuws/2012/01/20/kodak-vond-al-les-uit-leed-aan-koudwatervrees-en-groef-12154745-a832693

73. https://www. thinkwithgoogle. com/marketing-resources/data-measure-ment/mobilepage-speed-new-indus-try-benchmarks/? _ ga = 2. 101395017. 95210068. 1518775429-435365798. 1518775429

74. Stijn Fockedey 'Bringme is een softwareplatoform voor de last inch', Trends, 18 January 2018, p. 70

75. https://www. tijd. be/nieuws/archief/Alibaba-pompt-miljarden-in-

stenen-winkels/9955161

76. http://www. gondola. be/nl/news/food-retail/jdcom-opent-honderden-on- bemandewinkels

77. Patrick Claerhout, 'De digitalisering is als de klimaatopwarming', Trends, 30 November 2017, p. 16

78. http://dashboard. febelfin. be/fr

79. Patrick Claerhout, 'Banken doen nieuwe stap in digitalisering', Trends, 29 June 2017, p. 48

80. https://www. ecb. europa. eu/pub/pdf/scpops/ecb. op201. en. pdf

81. http://deredactie. be/cm/vrtnieuws/economie/1. 2558162

82. https://en. wikipedia. org/wiki/List_of_cryptocurrencies

83. https://www. tijd. be/ondernemen/financiele-diensten-verzekeringen/Bank-wordtbewaker-persoonsdata/9757783

84. https://www. tijd. be/nieuws/archief/Blockchain-voor-beginners/9930774

85. Patrick Claerhout, 'De digitalisering is als de klimaatopwarming', Trends, 30 November 2017, p. 15

86. http://www. bvvm. be/?q＝fr/system/files/Rapport％20over％20de％20reputatie％20van％20verzekeraars％20en％20verzekeringen. pdf

87. https://www. elsevierweekblad. nl/kennis/article/2015/07/de-keerzijde-van-internetjongeren-weten-zelf-niets-meer-1788056W/

88. https://www. tijd. be/tech-media/algemeen/1-Belgsche-krant-op-10-is-digitaal/9793301

89. http://www. persgroep. be/jaarverslag/2016_NL/

90. https://www. imec-int. com/digimeter115

91. https://www. tijd. be/dossier/takethelead/Digitale-revolutie-dreigt-radio-overbodig-temaken/9881399116

92. https://nl. wikipedia. org/wiki/Facebook

93. https://www. digimedia. be/News/nl/19205/de-belgen-en-het-internet-een-completeanalyse. html

94. http://www. upmc. com/media/NewsReleases/2016/Pages/lin-primack-

sm-depression. aspx

95. https://www. tijd. be/opinie/commentaar/disruptie/9972773. html

96. Sven Gatz, Over media heb ik niets te zeggen, Van Halewijck, 2016

97. https://www. forbes. com/sites/michaelkanellos/2016/03/03/152000-smart-devicesevery-minute-in-2025-idc-outlines-the-future-of-smart-things/#64da873f4b63

98. https://nl. wikipedia. org/wiki/Privacy

99. https://www. demorgen. be/buitenland/1984-van-george-orwell-opnieuw-in-lijst-vanbestsellers-op-amazon-b0bbea6a/

100. https://www. symantec. com/about/newsroom/press-releases/2018/symantec_0122_01

101. http://datanews. knack. be/ict/nieuws/populairste-wachtwoord-is-ook-dit-jaar-123456/article-normal-944097. html

102. https://www. youtube. com/watch?v=F7pYHN9iC9I

103. https://www. test-aankoop. be/action/pers%20informatie/persberichten/2017/cybersimpel

104. https://www. demorgen. be/binnenland/de-politie-ziet-u-maar-herkent-u-niet-b8c1159a/

105. https://www. volkskrant. nl/media/alle-apparaten-straks-online-zie-dan-maar-eens-eencyberramp-te-voorkomen~a4530168/

106. https://www. nature. com/articles/509425a?message-global=remove

107. http://archives. mundaneum. org/nl/historiek

108. https://www. demorgen. be/plus/paul-otlet-hoe-een-brusselaar-in-1934-internetbedacht-b-1412190579150/

109. https://www. nieuwsblad. be/cnt/dmf20180126_03323392

110. https://www. allianz. be/nl/pers/

111. https://en. wikipedia. org/wiki/List_of_largest_Internet_companies

112. Toem Pardoen, 'Wij hebben geen Google, Facebook of Alibaba. Europa wordt het slagveldwaar de Amerikaanse en Chinese reuzen elkaar zullen bevechten', Humo, 30 May 2017, p. 54

113. Toem Pardoen, 'Wij hebben geen Google, Facebook of Alibaba. Europa

wordt het slagveldwaar de Amerikaanse en Chinese reuzen elkaar zullen bev-echten', Humo, 30 May 2017, p. 54

114. http://www. knack. be/nieuws/belgie/europa-moet-investeren-in-de-fensie-niet- om-trumpblij-te-maken-wel-om-eigen-strategie-uit-te-voeren/arti-cle-opinion-857021. html

115. https://www. tijd. be/nieuws/archief/Financiele-splinterbom-met-ver-woesten- deeffecten/9399416

116. https://www. bloomberg. com/news/articles/2017-03-10/california-says-autonomouscars-don-t-need- human-drivers

117. http://www. vbo-feb. be/globalassets/actiedomeinen/economie-con-junctuur/

digitale-economie/reflect--cyberveilig- heid-ook-uw-verantwoordelijkheid/

e-government-de-croo. pdf

118. https://nordic. businessinsider. com/sweden-just-appointed-its-first-chief-digital-officer--/

119. http://money. cnn. com/2018/01/24/technology/sundar-pichai-google-ai-artificialintelligence/index. html